最強營養師團隊
好食課
——著

3日5日7日
減醣瘦肚餐

84餐200道食譜

專業營養師團隊幫你精準設計最強瘦肚計劃
又能增肌、減脂、穩血糖改善疲勞！

低醣飲食輕鬆吃，
好食課帶你無負擔的邁向健康！

　　近幾年美食、甜點越來越多，精緻食物盛行，外食比例也逐年上升，許多人工作一忙，都忘了關切自己的飲食狀況，常常隨意地買個便當、叫個外送就填飽肚子，沒節制的吃加上不運動，讓身材與健康漸漸走樣；好食課發現，其實是有許多人想要減重、也想要改善健康，但卻不知道怎麼踏出第一步。這些困擾，好食課聽到了！

　　好食課是最了解民眾和最接地氣的專業營養行銷團隊。好食課有數百場針對運動教練、營養師、民眾的營養講座經驗，同時也擔任許多健身工作室、運動球隊的顧問，更是協助中央和地方政府、食品協會、廠商推廣健康概念與商品行銷的專家。團隊經營多年各式社群媒體，準確了解各年齡層消費者的需求，不僅傳遞知識，更擅長用最簡單、最快速的方式，幫您解決飲食營養上的問題。

對不知道如何開始改善飲食的您，我們推出了《3日、5日、7日減醣瘦肚餐：84餐200道菜，專業營養師團隊幫你精準設計最強瘦肚計劃，又能增肌、減脂、穩血糖，改善疲勞！》，這是一本從食物份量計算到實際教你如何選、如何點的應用營養工具書。我們從您的角度出發，以好食課接地氣的營養知識貫穿全書，陪伴您無負擔的跨出改善健康的第一步！

這本書是以低醣概念為主軸，但最重要的是實際應用，每個搭配、每個選擇都出自營養師精準、細心的計算，為您配出最生活化的飲食。好食課營養師同時帶著大家了解低醣飲食的特色與原理，在跟著吃的同時，也能更了解食材與營養知識。本書最大特色是有完整的料理搭配，讓您能以最多元、最美味的方式挑選自己喜歡的料理！書中也收錄了好食課在講座中常被詢問的問題與飲食迷思，如果您想了解更多飲食營養資訊，「好食課」、「運動食課」、「媽咪食課」的臉書粉絲專頁有更豐富的知識喔！

在開始執行低醣飲食後，希望您也與朋友分享相關資訊，跟著好食課一起輕鬆吃、開心瘦，擁抱健康的美好生活。

—————— **好食課**

目錄

1

為什麼要減醣？
營養師減醣飲食這樣吃

有許多研究指出，攝取過多的精緻「醣」，
會使肥胖荷爾蒙暴增，讓肥胖、代謝疾病、糖尿病容易找上門！
越來越多飲食法都在提倡減醣，
為什麼減醣這麼流行？到底什麼是減醣飲食？每日該吃多少「醣」才健康呢？

我們為什麼要減醣（碳水化合物）？

減醣前我們要先了解人體代謝碳水化合物的關係，當我們攝取「醣」之後，大部分會在消化吸收後形成葡萄糖而使血糖升高，而體內的胰島素是一種幫助能量利用與儲存，維持血液中葡萄糖濃度的重要激素，會幫助葡萄糖進入組織利用，但同時也將血液中多餘的葡萄糖儲存成肝醣或脂肪儲存，讓血液中的葡萄糖維持在一定的濃度。

沒被使用的葡萄糖就會轉化成肝醣儲存在肝臟，不過人體可以儲存的肝醣僅有 400 至 500 公克，超過可儲存的量時，**無處可去的血糖會轉變為體脂肪而儲存在脂肪細胞中，以待未來遇到飢荒等能量來源不足時可以支應身體需求。**不過已開發國家中的糧食充裕，幾乎不存在飢荒的可能，我們現代人吃越多糖，只會讓脂肪堆積越多，這樣也就讓身材越來越走樣了！

脂肪細胞不只是堆積脂肪與儲存能量，還具有分泌發炎物質的能力，所以大量囤積脂肪的結果，所分泌的發炎物質會讓胰島素敏感性下降，甚至發炎物質還會影響胰臟分泌胰島素的能力，這樣一來就容易讓血糖上升而增加了糖尿病的風險－肥胖，這也是第二型糖尿病的主要來由。

減醣飲食 VS 均衡飲食 哪個好？

這裡要給大家一個正確的觀念，每一種飲食方式都有好有壞，也要看對象、目的而定，但越極端的飲食法，像是生酮飲食就可能伴隨著其他的健康風險。均衡飲食會是最適合大眾的飲食方式，但因為飲食習慣、供應環境等等問題，讓我們吃到的碳水化合物都以「精緻澱粉」、「糖」居多，所以會衍生出許多健康問題。如果我們的生活中可以攝取足夠的「全穀雜糧」、吃足夠的蔬菜水果，那營養師會認為均衡飲食是最棒的方式。但如果想要減肥、預防心血管疾病，但在生活中又沒辦法餐餐吃到全穀雜糧，這樣適度地減少碳水化合物的減醣飲食也是不錯的選擇。

「醣」VS「糖」傻傻分不清？

醣、糖的差別你分得出來嗎？醣類可以依照結構分成單醣、雙醣，如果有很多的單醣聚合在一起就會是寡醣或多醣。我們平常會吃的單醣或雙醣有「葡萄糖」、「蔗糖」等，多醣類的碳水化合物中，又可分為像是飯、麵包的澱粉等可消化性的多醣，這些澱粉會在腸道中被分解成葡萄糖後吸收，另外一種則是不可消化的膳食纖維，不被人體消化酵素分解，因此熱量會遠低於澱粉。

一般我們說的「糖」，則是泛指帶有甜味的碳水化合物，像是葡萄糖、蔗糖等，這些糖類不僅可以消化吸收，速度還遠遠高於多醣類食物，所以「糖」會是減醣飲食中首要注意的醣類。

碳水化合物 = 所有醣類的總稱

- **單醣**：葡萄糖、果糖等。
- **雙醣**：麥芽糖、蔗糖、乳糖等。
- **寡醣**：果寡醣、麥芽寡醣等。
- **多醣**：可消化性多醣（肝醣、澱粉等）、不可消化性多醣（膳食纖維等）。

到底什麼是「減醣飲食」？

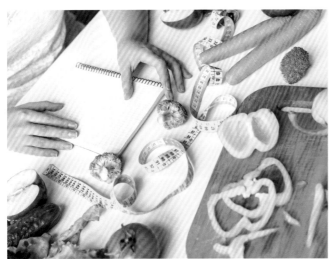

減醣飲食是廣義的「低碳水化合物飲食」（low carbohydrate diet）的一種，在飲食中適度的減少醣類，有研究發現適度減少「可消化性醣類」，可能與提高胰島素敏感性、刺激腸道激素分泌等有關，進而能幫助瘦身減肥，也能幫助穩定血糖、預防糖尿病與心血管疾病！

減醣飲食有什麼好處？

減醣飲食主要是將日常飲食中的「可消化性」碳水化合物比例降低，並挑對蛋白質與優質脂肪，就有以下健康好處：

● **減少體脂肪：**為了維持足夠的血糖，我們的肝臟會利用「三酸甘油酯」的甘油進行「糖質新生」，在減少醣類攝取狀況下，血糖來源無法充足的從飲食而來時，身體強迫脂肪細胞代謝脂肪產生甘油，因此可以減少體脂肪。

● **增加肌肉：**減少碳水化合物，也會提高蛋白質的比例，提供肌肉生長所需的蛋白質，再搭配著會刺激肌肉生長的阻力訓練，能促進增肌表現。

● **穩定血糖：**研究發現，適度減少碳水化合物能刺激胰島素敏感性，幫助我們控制血糖。不過營養師要提醒，糖尿病患者

會使用糖尿病藥物和施打胰島素，且每個人狀況不同，所以在採取減醣飲食前，要與醫師與臨床營養師討論喔！

● **改善疲勞狀況：**疲勞可能來自於血糖的上升，研究推測，血糖上升會刺激血清素的分泌，讓我們感覺到放鬆與想睡覺。由於早餐常常都是高升糖指數的食物，因此早上 10 點時很容易有睏倦感，減醣就能幫助我們改善這樣的問題，讓精神更好！

到底要減多少醣？

一般均衡飲食的營養素比例，碳水化合物約佔 50% 至 60%，以正常體重的族群而言，每天攝取碳水化合物約 250-300 公克，若是我們一天中的醣份（碳水化合物）低於均衡飲食之建議量時，我們便是在進行減醣飲食。那麼要減多少醣才好呢？我們以每日 1800 大卡來計算，依減醣輕重程度，定義出 3 種不同的減醣飲食：

- **想減肥瘦身：**每日攝取醣量 100 克
  ＝醣量佔每日總熱量之 22%。
- **想維持健康：**每日攝取醣量 150 克
  ＝醣量佔每日總熱量之 33%。
- **剛開始減醣：**每日攝取醣量 200 克
  ＝醣量佔每日總熱量之 44%。

※每日總需求熱量可能會依每個人而有所不同，但每日攝取醣量比例建議參考以上百分比數值來進行。

減醣飲食該怎麼吃？

減醣飲食，除了減少碳水化合物以外，以著重於**非加工品的食物來源**，選擇好的蛋白質來源食物，如豆類、魚類、蛋類及非加工的動物性肉品，再佐以酪梨油、橄欖油等單元不飽和脂肪酸為主的植物性油脂來取代被減少的醣類。

● **乳品類：**雖然鮮奶含有乳糖，但鮮奶有著豐富的蛋白質、維生素 B2 與鈣質，是減醣者補充這些營養素的好來源，所以也不能忘記補充乳品類。

● **莓果類：**小番茄是較適合的水果，醣量含量比起其他水果低，但又富含多酚、茄紅素與葉黃素等抗氧化營養素。

● **蔬菜類：**特別著重高纖維量的攝取，建議每天要搭配大量綠葉蔬菜、十字花科類蔬菜，以獲得豐富營養素來源。

整體來說，適度的減醣減少了碳水化合物的攝取，能幫助增肌減脂，也能預防與改善糖尿病等新陳代謝症候群，對健康是有助益的。那麼新手該如何進行減醣飲食呢？拋開複雜的計算方式，初期可以依照底下這 5 大飲食重點，即能輕鬆進行減醣飲食！

1. 不需複雜計算熱量，澱粉減半

三餐主食的白飯、麵包、陽春麵等都是澱粉類食物，外食的時候有兩個原則，一個是選擇粗食澱粉，如：糙米飯、紫

米飯等，沒有的話就找澱粉含量較少的餐點，或是將份量減半，就能輕鬆減少醣類的攝取。

TIPS 擔心少吃麵、飯，沒有飽足感？對於少吃主食會沒有飽足感的人，可以用豆腐、豆渣等營養豐富的豆製品來代替主食，如果是自己煮，也可以運用蒟蒻、櫛瓜，就能吃得飽又可以減醣。

2. 選擇好的蛋白質食物

肉類、魚類的碳水化合物含量都很低，過往吃減醣的族群會大量吃豬肉、牛肉等紅肉，且會刻意挑選高油脂的部位，這樣一來又攝取太多的飽和性脂肪酸，而且長期大量的攝取紅肉也容易提高腸癌風險，所以建議以魚類、雞肉等蛋白質為主來料理。好的蛋白質食物，搭配低碳且富含食物纖維的蔬菜，就是完美的減醣菜單了！

3. 搭配優質油脂食用

一般在減重的時候，大家都會覺得不該吃油脂料理，但減少碳水化合物時，也要攝取足夠的熱量，以免變成極低熱量的飲食，所以適度選擇具有油脂的肉類是可被允許的！除了油脂豐富的料理之外，建議大家平時也可以攝取好油，MCT油、亞麻仁籽油、紫蘇油、橄欖油與酪梨油都是優質的油脂，若能搭配菜餚中食用，能補足熱量，避免因極低熱

量所造成的身體負擔。

4. 嚴禁攝取大量含砂糖的食物

進行減醣飲食，除了醣類攝取要減少之外，更要避免「糖」類食物，尤其嚴禁將含有大量砂糖的甜點當作宵夜，如果晚上會嘴饞，可以挑選蛋白質和堅果的食物，像是水煮蛋、堅果，或是舒肥雞胸肉等。

5. 充分攝取蔬菜、多喝水

許多人少吃碳水化合物，但連蔬菜都省了，這樣一來纖維攝取量隨之減少，很容易導致便祕，也提高因為吃較多紅肉的腸道健康風險，而且蔬菜含有豐富的鉀離子，少吃蔬菜也會提高心血管疾病的問題，因此建議大家多吃蔬菜，像是葉菜類、花菜、海藻等都可以，另外每天補充2000cc 的水分也非常重要。

進行減醣飲食該注意什麼？

對於一般成年族群，適度的減醣不會危害健康，但如果是極端的減醣，像是生酮飲食就需注意有沒有心血管疾病病史、高膽固醇病史等等，因為生酮飲食是具有健康風險的。

進行減醣飲食的人，只需**注意食物的種類**，例如吃的碳水化合物要選擇全穀雜糧，才能幫助我們吃到豐富的維生素與礦物質；也要**吃足夠的蔬菜**，才能攝取豐富的膳食纖維和鉀離子。**不要害怕水果和**

乳製品的醣，一顆拳頭大的水果大概含有 15 克醣，而牛奶一杯的醣也大概只有 12 克，所以一天 2 顆拳頭大的水果和 1~2 杯牛奶，對減醣族群來說是沒問題的，反而可以幫助我們補充多酚、維生素 C 和鈣質喔！

在油脂方面，要選擇好的油脂！有許多人推崇豬油、牛油和椰子油，但這些油脂還是有飽和性脂肪酸的問題，因此建議要選擇橄欖油、酪梨油等單元不飽和脂肪酸的油，並使用低溫烹調方式，能減少食物營養素破壞的問題。

哪些人不適合減醣？

大部分的族群都可以吃減醣飲食，但建議兒童與青春期孩童，不要過度減醣以避免熱量攝取不足、營養不足的問題（但仍需戒精製糖、多以全穀雜糧為主）。另外，糖尿病患者也要注意，因為若有用胰島素或者是口服藥，碳水化合物的減少是要搭配藥物劑量的調整，所以建議諮詢醫師和營養師才能進行喔！

常見減醣 & 瘦身疑問大破解

減肥是許多人的一生志業，調查發現有 80% 的成年人想要減重，但自認成功減重的人比例卻不到 2 成，原因除了毅力不足外，最主要的就是使用錯誤的減重方式，繞遠路掉入了減肥的迷思陷阱裡，底下列出常見的減醣和瘦身疑問，讓營養師為你解答吧！

 如何分辨食物的「碳水化合物」？

A1 當我們要分辨食物的碳水化合物時，我們看的是「淨」碳水化合物而非「總」碳水化合物，而「總碳水化合物－膳食纖維＝淨碳水化合物」。為什麼要減掉膳食纖維呢？因為膳食纖維是不被人體消化吸收的碳水化合物，僅會被腸道細菌發酵產生「短鏈脂肪酸」，不會提高血糖，因此不用計算在內。

看懂食物營養標示

我們在超市、便利商店購物時，商品外包裝都會貼上食物營養標示，這時就可以很清楚的判斷自己買的食物含有多少碳水化合物。

上網查詢食物營養

衛生福利部有非常完整的食物營養成分查詢，只要上網搜尋「食品營養成份資料庫」，輸入想查詢的食物後，就會列出該

食物的營養分析，預設是以每 100 克的營養計算，當然也可以自行拿電子秤來測量食物的重量後，自行輸入重量測量，非常方便。

衛福部營養成分查詢網址：
https://consumer.fda.gov.tw/Food/TFND.aspx?nodeID=178&rand=1440422125

Q2 減醣就是不吃澱粉嗎？

A2「碳水化合物」在身體中主要是提供能量來源的食物，供給我們的大腦及身體各組織能量，但許多人開始決定減重減脂後，便習慣將碳水化合物從飲食中剔除。這樣往往初期效果佳，但並不好維持，身體分解脂肪作為能量來源時，同時會促使身體分解肌肉，造成肌肉流失。

有健身、運動習慣的人，碳水化合物更是不可或缺，運動後補充的蛋白質，是需要足夠的碳水化合物才能夠幫助肌肉的生成。除此之外，其實大部分人並沒有了解減醣的目的與機制是什麼，因此很容易盲目減醣，反而減少了對健康有益的全穀根莖類、蔬菜等，雖然對減重有幫助，但也同時傷害了健康！

想減醣？先記好 4 大減醣飲食重點

在攝取減醣飲食時，我們還是可以攝取精製程度較低、加工程度較低的碳水化合物，例如糙米、燕麥、藜麥、地瓜等，這些食物保留了較高膳食纖維，而且升糖指數較低，因此對血糖的影響較平緩，也較不易使脂肪堆積。至於精製程度高、加工程度高的澱粉食物，像是蛋糕、餅乾、麵

包，身體吸收快因此會使血糖起伏較大，刺激胰島素大量分泌，如此一來就會讓胰島素在體內堆積脂肪。

4大重點必記熟

1. **不碰精製糖類食物**：像是甜食、糕點以及含糖飲料等含精製糖的食物需要嚴格限制，避免精製糖使血糖快速提升，增加脂肪堆積的機會。
2. **減少精緻澱粉**：減醣飲食中碳水化合物來源減少，身體較不易囤積脂肪，同時可以增加身體脂肪的運用及代謝。
3. **提高蛋白質**：減少飲食中的醣類後，需要提升飲食中蛋白質及油脂的比例，充足的蛋白質攝取，能幫助維持身體的肌肉量，並減少身體分解肌肉作為能量來源的機會。
4. **烹調用好油**：減醣飲食中油脂比例較一般飲食更高，因此需選擇好油，才能減少大量油脂攝取可能增加的疾病風險。

想「減醣瘦身」，你可以這樣做

1. 減少額外添加的精製糖，例如減少喝含糖飲料、吃甜點的頻率。
2. 澱粉不是都不能吃，吃的時候要選擇精製程度較低、加工程度較低的碳水化合物，像是糙米、燕麥、藜麥、地瓜等，保有較多維生素礦物質以及膳食纖維。膳食纖維能增加腸胃道蠕動、排便順暢，並對穩定血糖有不小的幫助；而全穀雜糧同時富含維生素B群，它是能量代謝的主要輔酶、提升身體代謝效率，並維持神經系統的正常運作。

Q3 生酮飲食和減醣飲食有何不同？

A3 減醣飲食是在每日飲食中減少碳水化合物的攝取量，並提高蛋白質、油脂、纖維質在飲食中的比重，有別於生酮飲食每天只吃25至50克的碳水化合物，減醣飲食會建議依個人需求，將每日碳水化合物攝取量在每日100至200克左右，約佔每日碳水化合物建議攝取量的22至44%。

一般均衡飲食

一般來說，我們身體需要3大營養素來維持正常的生理機能，包括蛋白質、脂肪、醣類（碳水化合物），建議的比例為：蛋白質約20%、脂肪約30%、醣類約50%。

減醣飲食

減醣飲食中的醣類，我們建議依個人需求，每日攝取約為44%以下，若是剛從高碳飲食初入減醣的人，建議每日攝取醣量200克＝醣量佔每日總熱量之44%；若想維持健康的人，建議每日攝取醣量150克＝醣量佔每日總熱量之33%；若想達到減肥瘦身目的，建議每日攝取醣量100克＝醣量佔每日總熱量之22%。

生酮飲食

生酮飲食的醣類建議的攝取量則為5%以下，所以一個人如果每天熱量建議攝取

量是 2000 大卡，減醣飲食的醣類建議攝取量約 100 至 200 公克、生酮飲食只有約 25 至 50 公克。因此從比例上來看，減醣飲食對碳水的限制較不嚴格，一天可以吃一碗半的主食，如飯、麵條或麵包，大概每餐少半碗飯就可以是減醣飲食了。但如果是生酮飲食，整天大概只能吃半碗的主食而已。

Q4 減醣外食早餐怎麼吃？

A4 因為包裝食品上都會有營養標示，因此便利商店對於外食族是最好控制醣量的地方，只要看清楚、算仔細「碳水化合物」這一項，就可以知道吃下多少醣或者是糖。以一般成人每日 1800 大卡來計算，醣量每日控制在 100~200 克皆符合減醣原則，若是想快速達到瘦身效果，可以限制每日攝取醣份為 100 克左右，可依自己的飲食習慣和當下用餐的狀況來調整。

減醣早餐選食原則

早餐店： 建議挑選澱粉較少的就好了，蛋餅是醣類較少的選擇，其他還有兩片土司的三角三明治、都是含醣量相對較低的美味早餐，當然也可以選炒蛋、肉排等沒有澱粉的餐點。

便利商店／速食店： 無糖飲料、鮮奶、無糖豆漿、拿鐵不加糖和奶精、茶碗蒸、茶葉蛋／炒蛋、沙拉、兩片方形吐司的三明治（不同口味含醣量約 30 至 50 克不等）。

傳統中式早餐店： 無糖或鹹豆漿＋蛋餅、或搭配荷包蛋、肉排等。

Q5 什麼是精製、低精製食物？

A5 減醣飲食必須吃低精製的食物，那什麼是精製、低精製食物呢？想想看，你平常是吃糙米還是白米呢？同樣100公克的白米飯和糙米飯，熱量雖然差不多，但是糙米飯所含的膳食纖維、維生素B群、礦物質都比白米多喔！稻米脫殼後的米就稱為「糙米」，它保留了粗糙的外層（包含皮層、糊粉層、胚芽），而顏色較白米深，只要將糙米磨去外層就是白米，因此白米也稱為精白米。

精製食物：經過研磨去除麩皮營養的食物

一般來說，在碾米、碾麥的過程中，將富含營養成分的米糠、麩皮、胚芽等去除，就可以歸類為精製食物。

舉例來說，以下幾種都算是營養價值較低的精製食物

- **用精白米、精白麵粉製作**：白米飯、白麵條、白麵包、白饅頭、餅乾、西點。
- **用澱粉製作**：冬粉、西谷米、粉圓、炊粉、加工零食。
- **用糖或高果糖漿調味**：汽水、可樂。

「低」精製食物：加工程度低，保留營養的食物

全穀或未精製的原態食物，加工與精製程度低，它們才能保有麩皮及胚芽部分，像是糙米、五穀米、十穀米等，都屬於此類食物，它們比白米更富含底下3大營養素：

低精製食物的營養素

1. **膳食纖維**：糙米中富含膳食纖維，能夠幫助排便更順暢，並且有調節血糖，加速血膽固醇排出的功效。
2. **維生素B群**：米糠層中有豐富的維生素B群，是能量代謝的主要輔酶，能夠提升身體代謝效率，且維生素B群同樣是對於神經傳導、修復的重要營養素，維持神經系統的正常運作。
3. **礦物質**：糙米中的鈣、鐵質皆比白米來得豐富，雖然吸收率不如動物性來源高，但仍能作為飲食的部分補充。

吃低精製全穀食物（糙米）的好處

其實同樣100公克，白米飯與糙米飯熱量是差不多的，不過因為糙米飯的膳食纖維比白米飯多，因此澱粉分解吸收速度較慢、讓血糖上升速度慢、GI值低，還能幫助糖尿病患者控制血糖喔！另外，從食品營養成份資料庫中也可以看到，100公克的糙米膳食纖維含量約是3.4公克；100公克的白米膳食纖維含量約是0.2公克，兩者有極大的差距，所以吃低精製的食物更好！

總結來說，吃糙米可擁有以下好處：

- **瘦身功效**：吃低精製食物可增加飽足感，在控制份量下，比精製穀類有更好的減肥效果。
- **預防便祕**：能促進腸胃蠕動、降低便祕與大腸癌的機率。
- **增加代謝**：因為富含維生素 B 群和膳食纖維，能促進體內的新陳代謝。
- **預防高血糖**：可延緩餐後的血糖上升，有效預防高血糖。

Q6 膳食纖維有什麼健康好處？

A6 膳食纖維對人體非常重要，早期大家以為纖維質只是「一種不能被人體消化的碳水化合物」，直到近年發現纖維質雖然不能被人體消化吸收，但因為可以調整腸道菌叢，透過腸道菌發酵產生對人體有幫助的物質，因此對人體大有助益，膳食纖維才更被我們重視。膳食纖維指的是植物中不易被消化的非消化性多醣，主要可分為水溶性膳食纖維和非水溶性膳食纖維兩大類。

● **水溶性膳食纖維**：主要是蔬菜水果中的膠質成分，存在於蔬菜、水果、全穀類、豆類、蒟蒻等食物中。水溶性膳食纖維可以增加飽足感、作為腸內有益菌生長的食物來源，又稱之為「益菌生」或「益生質」，生理功能上具有延緩血糖上升、降低血膽固醇和調整腸道菌叢，促進益生菌生長的好處。

● **非水溶性纖維**：有木質素、半纖維素、幾丁質，主要存在於植物表皮和未加工的穀物、豆類、根莖類、果皮等食物中。非水溶性膳食纖維能增加糞便體積、促進腸道蠕動、減少糞便在腸道停留的時間。

根據國內營養攝取調查發現，國人的膳食纖維攝取不足，遠低於建議攝取量的一半！男性的平均膳食纖維攝取量，每日約是 13.7 公克、女性平均約是 14 公克，遠低於建議攝取量的 25 公克到 35 公克。膳食纖維攝取不足除了會有便秘、心臟血管疾病、體重過重、糖尿病等文明病盛行率持續攀升外，也使國人罹患大腸癌的危險性增加！

Q7 聽説「抗性澱粉」對瘦身有益？

A7 想減醣就要選對澱粉食物，先來認識什麼是抗性澱粉，抗性澱粉是屬於澱粉的一種，其結構人體難以消化，但會被腸道菌使用，因此被視為可溶性膳食纖維的一種。抗性澱粉主要來自於「生澱粉」，如：生紅豆、生米，這種生澱粉的結構較為緊密，人體的酵素無法浸潤，因此難以消化吸收。澱粉在煮熟後結構會被水分浸潤，因此能被人體酵素消化，但在放冷或冷藏過程中，水分會離開澱粉結構，讓澱粉「些微地」回復成生澱粉的狀況，因此會降低消化率。

常見的抗性澱粉來源食物

1. **全穀食物**：抗性澱粉主要存在於未精製的全穀類食物，如：糙米、紅薏仁、紫米等。
2. **冷藏後的澱粉**：以馬鈴薯為例，馬鈴薯是抗性澱粉含量不少的根莖類食物，但在烹煮的過程中抗性澱粉會減少，煮熟後冷藏放冷可以讓抗性澱粉含量回升。
3. **油脂包覆食物**：有油脂包覆的狀況下，澱粉的消化率會降低，像是炒飯的澱粉消化率就會比白飯低。

※減醣時建議挑選全穀食物，才能達到減少醣份的目標喔！

抗性澱粉健康功效 1：
促進脂肪分解

國外研究指出，在控制總碳水化合物量狀況下，若將餐點中醣類的抗性澱粉比例提高到 5.4%（相當於半顆放涼的地瓜），可以較沒有提高抗性澱粉比例者，更能促進脂肪分解與脂肪的堆積。因此，適量攝取抗性澱粉具有減肥的功效，下次煮飯時稍微放涼一點再吃吧！但是營養師也要特別提醒，總熱量控制還是很重要的喔！

抗性澱粉健康功效 2：
調節血脂

有研究發現豆類的抗性澱粉，有助於降低血中的三酸甘油酯與膽固醇，其機制與抗性澱粉能促進膽酸排泄，而提高肝臟膽固醇代謝有關。

抗性澱粉健康功效 3：
養好菌，建立健康腸道菌叢

抗性澱粉難以被小腸消化，但能於大腸中被細菌分解發酵，產生短鏈脂肪酸，是腸道中好菌的能量來源，也有助於預防大腸直腸癌的發生。

抗性澱粉健康功效 4：
控制血糖

抗性澱粉難以被小腸消化吸收，因此較不易造成血糖的劇烈變化，對於有血糖問題的糖尿病患者，在總澱粉量控制狀況下，提高抗性澱粉的比例能有助於血糖控制。2015 年有學者進行動物實驗，進一步探討抗性澱粉與血糖控制的機制，學者發現給予實驗鼠含較多抗性澱粉的飲食，可以促進肝臟的肝醣合成，也發現能減緩體內製造葡萄糖的作用，這可能是抗性澱粉幫助調節血糖的機制之一。

Q8 吃低 GI 食物能幫助減重？

A8 升糖指數（GI ,Glycemic Index）是指食物經腸胃道消化吸收後對血糖上升影響的幅度，常運用於糖尿病飲食。高 GI 食物的消化吸收快，易使血糖快速上升，而胰臟可能為了因應高 GI 食物所造成的血糖波動，須分泌大量胰島素來降低血糖，而胰島素也同時扮演促進脂肪合成之角色，更易使體脂肪囤積而增加肥胖風險。

低 GI 食物多具有高纖、型態完整、消化速度較緩慢等特性，較能協助血糖的穩定，以吃低 GI 食物為主的飲食法稱為**低 GI 飲食**，也有一說為「**低胰島素減重法**」。這種飲食常被應用於控制體重，能有

效控制好血糖、降低糖尿病相關併發症的發生機率，也能改善血脂、提升飽足感，並減少體脂生成、幫助體重管控，是糖友或需體重控制者都可適量選用的好食物。

小心！低 GI 不等於低熱量

「吃低 GI 食物就能減重」、「糙米是低 GI，所以我可以吃兩碗」這是多數民眾的錯誤迷思，其實低 GI 不等於低熱量，過量攝取仍會造成體重增加。**對於有血糖問題的糖友、想瘦身的人來說，最關鍵的是控制每餐的醣類攝取「量」，均衡且規律的飲食再搭配選擇低 GI 食物才是重點喔！**

Q9 「褐色脂肪」能提升燃脂力？

A9 不是所有脂肪都是人人喊打的壞人！人體中存在著許多好的脂肪細胞，脂肪細胞又有白色脂肪、褐色脂肪之分：

- **白色脂肪：** 是我們最討厭的贅肉，細胞內塞滿了脂肪油滴，儲存著大量脂肪，在正常狀況下用不到，只會持續的累積，當白色脂肪越多，身材看起來就會更臃腫。

- **褐色脂肪：** 是近年來發現的好脂肪細胞，褐色脂肪細胞構造與白色脂肪細胞有極大的差異，褐色脂肪細胞含有大量粒線體以及較少量脂肪油滴，從外觀看起來呈現棕褐色，細胞內含有了大量的粒線體，粒線體可以幫助我們持續消耗脂肪產生熱能、幫助身體維持體溫。因此褐色脂肪細胞在平常會消耗許多熱能，讓我們更容易瘦下來！

當我們出生的時候，為了穩定體溫、維持生命，身體含有非常多褐色脂肪細胞，但隨著年齡增加，漸漸的褐色脂肪會持續減少，白色脂肪則會越來越多，所以隨著年紀增加，肚子通常會越來越大，身材也越來越難維持了！

5 類好食物！讓脂肪「褐變」提升燃脂力

許多研究指出，透過飲食可以幫助脂肪細胞產生褐變，讓白色的脂肪細胞也產生類似褐色脂肪消耗熱量的作用、讓減重更加順利！底下這幾項食物，是目前動物實驗已經證實，可以幫助脂肪褐變產能的關鍵食物，在我們生活中都很容易取得，它們可以刺激脂肪細胞製造更多粒線體，而這些粒線體就是脂肪褐化的關鍵，脂肪褐化讓我們耗能增加，也能讓細胞變成較好的型態喔！

1. 鮭魚、秋刀魚、鮪魚： 油脂含量豐富的魚類擁有許多 EPA、DHA，根據研究指出，EPA、DHA 這些多元不飽和脂肪酸在消化的時候會刺激腸胃道的迷走神經，傳遞特殊訊號給腦部，讓我們的腦部命令脂肪細胞提高產熱的效益，並且合成更多的粒線體產生幫助產生熱量！

2. 辣椒： 過去有動物實驗研究指出，辣椒中所含的辣椒素，能刺激脂肪細胞消耗更多脂肪，促進新陳代謝！

3. 綠茶、無糖咖啡： 沒事喝點無糖綠茶和黑咖啡吧！不只是動物實驗，在人體實驗中也發現對於減重減脂有的好處，綠茶與無糖咖啡中的咖啡因和兒茶素，會讓體內的脂肪氧化增加，也有研究發現咖啡因和其中的綠原酸可以刺激胰島素敏感性！每天喝個 1~2 杯無糖綠茶或無糖咖啡，不僅能增加減脂效益熱量，還能同時培養補充水分的習慣，是營養師十分推薦的優質減脂飲品喔！

4. 薑黃： 說到薑黃應該沒有人不知道，許多研究發現薑黃對人體有著多項的益

處，最常被拿來討論的是提升免疫力、抗氧化、抗發炎，但是其實薑黃對於減脂也是有極大的幫助！薑黃可以刺激細胞傳遞路徑，幫助細胞製造更多粒線體，提高生熱效應！

Q10 想提升代謝力該怎麼吃？

A10 許多人認為「代謝力」指的是將身體中不必要的產物排除，其實並不全然是。代謝是身體由食物中獲得能量且加以運用的過程，而「基礎代謝率」則是指在沒有進食、工作、走動的休息階段，能夠維持身體最基本的生理需求能量值。為什麼提升代謝力那麼重要？因為當年紀增加，基礎代謝率就會下降，如果維持一樣的飲食方式及低活動度的生活習慣，便很容易讓體重或體脂增加，造成肥胖問題，甚至引發其他代謝性疾病，如高血壓、高血脂等。

有些食物也能幫助提升我們的代謝力，但要提別提醒，雖然這些食物皆有增加代謝力的功能，但要注意不能只吃單一種食物，均衡飲食下，才能獲得這些食物額外增加代謝力的功效喔！

提升代謝好食物 1：鮭魚

優質蛋白質的來源，能夠為身體補充足夠的蛋白質、維持身體的肌肉量，而且鮭魚含有豐富的 DHA、EPA 等屬於 omega-3 優質脂肪酸，能降低發炎反應，幫助我們調整身體 omega-3、omega-6 脂肪酸的比例，也可以減少脂肪堆積的問題。

提升代謝好食物 2：含碘鹽

台灣的鹽不一定會添加碘，碘在身體中負責維護甲狀腺的健康，其中分泌的甲狀腺素是身體新陳代謝的重要激素，因此攝取甲狀腺所需的營養，便能讓身體維持良好的新陳代謝。不過攝取過多的鹽會有高血壓問題，因此應該是適度用鹽，但要選擇含碘鹽，就可以補足我們的碘需求了！

提升代謝好食物 3：辣椒

辣椒中有一種物質稱作辣椒素，能夠增加身體的代謝率，因此在飲食中添加辣椒作為調味，可以稍微提升身體的代謝率，但要注意許多含辣椒的菜餚也屬於油脂、熱量較高的食物，可別為了增加代謝率，反而攝取更多的熱量。

提升代謝食物好 4：薑

大部分人在吃完薑，會有身體發熱、體溫上升的感受，是因其中許多的植化素能夠讓身體體溫上升、加速細胞中的新陳代謝。但要留意腸胃較不佳的人，要盡量避免空腹吃薑，避免這些植化素刺激造成身體不適。

提升代謝食物好 5：糙米

糙米中富含維生素 B 群，維生素 B 群

是身體中許多營養代謝的重要輔酶，因此補充富含維生素 B 群的食物，能夠維持從食物中來的營養，順利被身體所利用，維持新陳代謝。

Q11 怎麼吃才能增加飽足感？

__A11__ 想要增加飽足感，攝取足夠的優質蛋白質＋膳食纖維＋植化素非常重要，其實這也是減醣飲食的主要重點，學會底下這幾個飲食祕訣，不僅能增加飽足感，也對減肥瘦身有益喔！

祕訣 1：選擇含纖維的低精製澱粉食材

蔬果中富含膳食纖維，能夠幫助腸道代謝，清除營養素代謝過程所生成的代謝廢物，為身體去除毒素負擔。纖維能夠提供飽足感，同時促使腸道蠕動，並且能減少腸道油脂的吸收，進而減少身體脂肪代謝的負擔，還可以延緩澱粉類食物的消化、增加飽足感，因此主食可以選擇像是糙米、全麥麵製品等等含有膳食纖維的全穀根莖類及製品。

● 燕麥、糙米、大麥、豆類、蔬菜、水果，都是富含膳食纖維的食材。

祕訣 2：攝取優質蛋白質

蛋白質是維持肌肉的關鍵營養素，而維持好肌肉量能夠讓基礎代謝率不下降，因為肌肉與脂肪相比，維持肌肉所需要能量消耗較大。建議選擇像是豆製品、海鮮等脂肪含量較低的食材，可以減少脂肪代謝的負擔。

● 雞胸肉、乳製品、雞蛋、藜麥、豆類、豆腐等，都是富含蛋白質的食材。

祕訣 3：攝取豐富蔬菜

蔬果中富含各式不同的植化素，能夠幫助身體清除自由基以及減少發炎因子的產生，減少自由基對身體細胞造成損傷的機會。蔬菜是含膳食纖維、低熱量的食材，攝取大量的蔬菜可以幫助增加飽足感，且因熱量較低，不需太擔心熱量超過的問題，相當利於體重控制。

Q12 減肥為何總失敗？
5 大陷阱破解

A12 減肥為什麼總是失敗呢？底下列出 5 大減肥陷阱，來看看這些是你瘦不下來的原因嗎？

陷阱 1：胖等於油脂吃太多？—— 別再把油脂當壞人了

當飲食中攝取過多的熱量時，身體會將能量以脂肪形式儲存，累積成肚子和臀部上的肥肉，為了減重大家常努力減少飲食中的油脂攝取，但其實過多的熱量攝取大多是源於飲食中多餘的醣類攝取。油脂並不是導致肥胖的唯一兇手，它在身體中扮演許多重要的角色，它是荷爾蒙的組成材料，嚴格限油可能影響身體的代謝運作。

除此之外，油脂還能夠幫助脂溶性的維生素吸收，像維生素 A、D、E 和 K，對體內的骨質健康、細胞功能及皮膚氣色都相當重要，且油脂是飲食提供飽足感的重要來源，可以減少嘴饞的機會。刻意不吃油脂，反而會影響體內代謝和減重效果！

陷阱 2：只要吃素就會瘦？—— 勾芡、紅燒、油炸入口還是會胖

提到素食，很多人直覺是熱量很低、較健康，但是長期吃素食真的能達到減肥的效果嗎？外食的素食餐廳、素食自助餐中有許多的食物，其實都會加上大量的勾芡去料理，而紅燒、油炸、加沙茶也是素食當中常見的烹調方式，這樣會讓你在不知不覺當中，讓隱藏的熱量跟著素食料理吃到肚子中了。

那只吃素食中清淡的蔬菜，不攝取其他的豆魚蛋肉類食物總行吧？但其實也很容易因蛋白質的攝取不夠造成肌肉量流失，同時可能影響精神狀態。因此素食的選擇需要注意烹調方式、均衡攝取，才能避免為健康吃素反而增加健康風險。

陷阱 3：不吃東西只運動一定瘦？—— 小心肌肉量流失

依照不同的身高、體重、年齡及活動量等因素使每個人有不同的「基礎代謝率」，基礎代謝率代表維持身體運作所需的最低熱量。許多人希望透過大量運動搭配少量飲食攝取的方式，讓身體的熱量消耗遠大於攝取，而達到快速減重的結果。但當吃太少熱量且低於基礎代謝率時，身體會聰明地啟動保護機制，由最耗能的肌肉組織開始分解，長久下來肌肉越變越少，代謝跟著下降反而不利減重，因此減重時一定要記得熱量攝取不能低於基礎代謝熱量，才能避免肌肉流失而提早進入停滯期。

陷阱 4：吃澱粉一定會胖？—— 要吃優質澱粉才對

很多人在開始減肥後會開始大幅度降低澱粉的攝取，長期下來卻出現了體力變

差、情緒不穩甚至暴飲暴食的狀況，減重計畫也宣告失敗。精製程度高、加工程度較高的澱粉食物，像是蛋糕、餅乾、麵包，身體吸收快因此會使血糖起伏較大，刺激胰島素大量分泌，胰島素會使身體傾向脂肪堆積……但並不是所有的澱粉都容易堆積脂肪！食材加工程度較低，保留較高膳食纖維的全穀雜糧類，對血糖的影響較平緩，較不易使脂肪堆積，例如：糙米、燕麥、蕃薯、全麥等。

陷阱 5：經期狂吃不發胖？——其實熱量還是跟著你

生理期總是特別想吃甜？研究發現，月經來前我們的基礎代謝率會略為提升，身體便會提升我們的食慾以填補提高的基礎代謝率，這也就是女生們在經期前容易嘴饞的原因，但這嘴饞的情況可能也使許多女生們攝取過多熱量到肚子裡。不論是否處在生理期，多餘的熱量攝取仍會轉換成脂肪囤積在身體中。

2

營養師點名！
減醣好食材出列

正在進行減醣飲食的你，不知如何選擇食物嗎？是不是常聽人家說減肥不要吃肉？
其實肉類、海鮮的含醣量都很低，
一起來看看減醣飲食推薦食用的蔬果、肉類、海鮮、豆腐奶蛋類的好食材吧！

※ 食材營養成份會依品種而有所差異，底下資料僅供參考。

代 糖 類

代糖可以用來取代甜味來源，而代糖可以分成「天然來源」與「人工合成」，目前有些研究指出人工合成的阿斯巴甜、糖精可能會影響腸道細菌生態，反而影響血糖耐受性，雖然不直接影響減醣飲食的成效，但以長期健康而言，營養師還是建議減少攝取這一類的人工甘味劑。

在天然來源部分，例如：甜菊葉、羅漢果皂苷、赤藻醣醇等，以目前的研究來說比人工合成代糖好，但飲食總是過與不及都不好，因此減醣的人在使用上還是適度使用就好。

甜菊葉

營養（每 100 克）：
碳水化合物 0g ／ 熱量 0 kcal

甜菊葉是能夠提供甜味，無熱量也不會影響血糖的天然代糖，能夠作為減醣者的飲食甜味來源，在茶葉、花茶中加入一些甜菊葉就能讓茶帶有甜味，因此就不需要額外加糖。

甜菊葉的甜味來源是甜菊糖苷，目前市面上除了甜菊葉以外，市面上也有萃取自甜菊葉的甜菊糖苷產品。甜菊糖苷是安全性相對高的代糖，也被美國食品管理局（FDA）認定「廣泛使用被認為安全」（generally recognized as safe, GRAS）的食品原料，不過要提醒一下，有少數的研究發現長期且常態的使用甜菊糖苷，可能會增加肥胖率，不過這和劑量與頻率有關，營養師認為只要在正常的添加量使用，便不需擔心有危害喔！

甜菊葉運用｜可運用在果凍、寒天凍上，為許多需限制甜食的朋友造福，也有人將甜菊葉泡成甜菊葉液應用在烘焙上，但因甜菊葉帶有些許苦味，因此在烘焙上，大家會以甜菊葉再搭配其他代糖做使用，較少單純使用甜菊葉作為甜味來源。

果寡糖

營養（每 100 克）：
碳水化合物 0g ／ 熱量 0 kcal

果寡糖與其他代糖相比甜度較低，也會提供少許熱量，不過果寡糖無法被人體的消化酵素分解，但被腸道中的菌叢作為能量利用，是益生菌的能量來源，可以改善並維持腸道的健康菌叢，進而幫助維持腸

道機能。

果寡糖運用 | 果寡糖因甜度較不明顯，且因為果寡糖是液態，所以不常被用在烘焙上，比較常加入咖啡、茶飲以替代高果糖糖漿。

赤藻糖醇

營養（每 100 克）：
碳水化合物 0g ／ 熱量 0 kcal

　赤藻糖醇是一種幾乎沒有熱量，且幾乎不會影響血糖的代糖。赤藻醣醇的甜度大約為蔗糖的 65 至 70%，因為高溫穩定、甜度夠，生酮飲食的點心大多都是使用赤藻醣醇，讓赤藻醣醇成為減醣族群最喜歡的代糖之一！

赤藻糖醇運用 | 赤藻糖醇在高溫下穩定，最適合作為烘焙食品的代糖，但在冷飲中的溶解度低，所以不建議用在飲料調製上。

木糖醇

營養（每 100 克）：
碳水化合物 0g ／ 熱量 0 kcal

　木糖醇是一種天然甜味劑，與蔗糖相比甜度較低，提供的熱量也較低。木糖醇除了甜味外，還有些許的清涼感，因此常被運用在口香糖與飲料中。但是要注意，攝取過多的木糖醇，會因為腸道滲透壓改變，讓水份進入到腸腔而導致腹痛與腹瀉，因此使用時要注意食用量，避免攝取過多而造成不適。

木糖醇運用 | 木糖醇不會被口腔細菌分解、不易造成蛀牙，加入在口香糖中咀嚼，可以促使口腔唾液分泌、保護牙齒。除了口香糖外，木糖醇也會被用作孩童的糖果中，減少兒童蛀牙率。

油 品 類

減醣飲食會因為減少碳水化合物，所以整天所攝取的熱量會降低，最容易補充熱量的就是從油品而來，過去生酮飲食常吃大量的奶油、豬油，反而有可能因為飽和脂肪酸造成健康風險，所以吃優質的好油是減醣飲食的重點，像是橄欖油、酪梨油、苦茶油、亞麻仁油都是推薦攝取的好油喔！

橄欖油

營養（每 100 克）：
碳水化合物 0g ／ 熱量 884 kcal

橄欖油含有豐富的單元不飽和脂肪酸，這種脂肪酸相當穩定，有助於改善血脂與降低心血管疾病的發生風險。環地中海地區國家的飲食習慣，也偏向於高油與較低碳水化合物，但在許多研究就發現攝取這類地中海飲食的族群，心血管問題都比較輕微，攝取大量的橄欖油就是其中主要原因。

橄欖油不只是含有豐富的單元不飽和脂肪酸，如果攝取的是初榨冷壓橄欖油，甚至更高規格的「無濾渣」初榨冷壓橄欖油，都含有豐富的抗氧化多酚！橄欖油刺激醛（Oleocanthal）是其中一種很特別的多酚類，除了賦予橄欖油辛辣刺激感以

外，這種多酚可以具有強烈的抗發炎功效，甚至研究發現橄欖油刺激醛還有助於減低經痛的好處

橄欖在加工時會經過不同次數的榨取，榨取的方式也會有所不同，但榨取次數越高的橄欖油營養價值就越低，所以挑選時首選「初榨冷壓橄欖油」。許多人也對橄欖油有些疑慮，是否橄欖油不能高溫烹煮？事實上，橄欖油因為含有豐富的多酚類和單元不飽和脂肪酸，所以穩定度也是很不錯的，在正常煎、炒、烤的方式是不會有劣化的問題。

酪梨油

營養（每100克）：
碳水化合物 0g ╱ 熱量 884 kcal

酪梨油是用酪梨果實壓榨而成的植物油，富含單元不飽和脂肪酸，酪梨油也含有維生素E、多酚等抗氧化、抗發炎營養素，能幫助我們減少低密度脂蛋白和三酸甘油酯，對心血管、腦血管非常好！除此之外，因為酪梨油穩定度很高，發煙點超過200度，因此也很適合我們華人煎、炒等烹調習慣來使用。

苦茶油

營養（每100克）：
碳水化合物 0g ╱ 熱量 884 kcal

苦茶油有「植物黃金」的美稱，因為苦茶油也是單元不飽和脂肪酸的代表，所以也有人稱為「台灣本土的橄欖油」！苦茶油的榨取方式也類似於橄欖油，利用冷壓方式加工，所以苦茶油含多酚類、黃酮類等有利於人體健康的植化素，若以這類單元不飽和脂肪酸為主要的飲食油脂來源，有助於減少血管栓塞的機會。

亞麻仁油

營養（每100克）：
碳水化合物 0g / 熱量 884 kcal

　　亞麻仁油是從亞麻籽萃取出的淡黃色油，富含 omega-3 多元不飽和脂肪酸，有助於減少體內的發炎反應，又被稱為「植物性的魚油」。現代人因為以葵花油、沙拉油為主，讓 omega-3 與 omega-6 失去平衡而有發炎問題，因此適時的補充亞麻仁油是不錯的選擇。但要注意，因為亞麻仁油的發煙點較低，稍微加熱就容易產生油品的裂變，建議以冷食方式來食用。

MCT 油

營養（每100克）：
碳水化合物 0g / 熱量 862 kcal

　　MCT 全名為中鏈脂肪酸油脂，大多是萃取自椰子油，但與椰子油最大的不同是，椰子油含有大量的碳十二脂肪酸，這種具有 12 個碳的脂肪酸已經算是長鏈脂肪酸，且又是飽和性脂肪酸，因此可能會有增加心血管疾病的風險。

　　MCT 油是以 8 個碳與 10 個碳為主的脂肪酸，這類脂肪酸才是真正的中鏈脂肪酸，且因為具有一定的水溶解度，所以在消化吸收時可以像水溶性營養素一樣，直接從肝門靜脈吸收到肝臟代謝，因此不會提高體內脂蛋白的濃度。研究也顯示攝取 MCT 有助於改善血脂、降低血膽固醇的好處。不過市面上的 MCT 濃度有所不同，所以在購買時可以看一下標示，選擇高濃度的 MCT 產品才能真的買到中鏈脂肪酸。

奶蛋 & 豆製品類

奶類是我們最重要的鈣質來源，大部分人的鈣質攝取十分不足，所以在飲食指南中奶類被獨立成一類，不過奶類和蛋、豆、肉等等都含有豐富的蛋白質，因此就一起在這單元裡介紹。

雞蛋

營養（每100克）：
碳水化合物 1.1g / 熱量 155 kcal

雞蛋是優質蛋白質的來源，每一顆蛋大概可以提供7克的蛋白質，若以減醣族群來說，大約是7~10%左右的蛋白質需求，而雞蛋也含有豐富的類胡蘿蔔素、葉黃素，這些營養素都有助於視力保健、抗氧化等功效。

過去我們常擔心雞蛋會有膽固醇問題，甚至常聽到一顆蛋就會讓膽固醇達到上限，但實際上人體的膽固醇來源主要來自於人體製造，且主要是受到過多飽和性脂肪酸、反式脂肪或是膳食纖維攝取不夠的影響，所以飲食中的膽固醇對於健康人來說影響並不大，不用太擔心喔！

起司（乳酪）

營養（每一片）：
碳水化合物 1.3g、熱量 68 kcal

　起司含有蛋白質和豐富的鈣質，鈣質不只是幫助我們促進骨質健康，也能幫助我們維持正常神經反應與新陳代謝，而充足的鈣質更是脂肪代謝作用的關鍵。每一片起司約可以幫我們補充到 10~15% 的鈣質需求，因此起司是很好的鈣質來源，而且起司（乳酪）因為經過發酵，所以乳糖量也比牛奶低，如果有乳糖不耐問題的人也可以吃。

無糖優格

營養（每100克）：
碳水化合物 3.5g、熱量 62.2 kcal

　優格是牛奶透過乳酸菌發酵而成，含有豐富的蛋白質和鈣質，是很棒的乳品來源，不過市面上的優格大多都有調味加糖，不符合低醣原則，選擇上要以無糖的為主。除了一般的優格以外，也有發酵時間更久的希臘優格，加入沙拉或是搭配堅果都是很好的料理方式，而且優格經過發酵後乳糖較低，也適合乳糖不耐症的人食用，記得要選擇無糖的喔！

千張（豆腐皮）

營養（每100克）：
碳水化合物 18g、熱量 402 kcal

千張就是傳統的薄豆皮，豆皮有著優質蛋白質與低醣的特性，是很熱門的低醣食材！千張有分成兩種形式，一種是乾的、另外一種是濕豆皮，這兩種都可以做為低醣飲食的食材，可以取代一般的麵粉皮做出低醣水餃、低醣餛飩。

豆腐（板豆腐／嫩豆腐／雞蛋豆腐）

營養（每100克）：
碳水化合物約 5g、熱量約 240 kcal

豆腐是優質的蛋白質來源，且屬於植物性蛋白，研究發現豆腐所含的大豆蛋白可以具有降低血壓、促進心血管健康的好處。由於加工流程的不一樣，傳統豆腐類的板豆腐、黃豆乾含有的鈣質遠高於嫩豆腐與雞蛋豆腐，如果是不喝牛奶的素食者，可以優先選擇傳統豆腐作為主要的蛋白質來源，可以同時補充蛋白質和鈣質。

蔬 菜 類

蔬菜是我們最主要的膳食纖維來源，也可以提供維生素 C、葉酸、鉀離子、葉黃素、植化素等營養。膳食纖維可以幫助我們調整腸道菌叢生態，降低便祕機會、預防腸癌，也具有增強免疫力、預防高血糖、高血壓與高血脂的功效。不過有些蔬菜所含的「可消化性」碳水化合物較高，例如牛蒡、胡蘿蔔等，吃低醣的人並不是不能吃，而是在挑選蔬菜時，就該避免以這些蔬菜為主要的蔬菜來源，整體建議以葉菜、花菜、瓜果與蕈菇為主。

有些植物含有比較多的澱粉，所以在營養學上是被列在全穀雜糧的，例如根莖類的地瓜、芋頭、馬鈴薯；而南瓜、玉米與山藥也常被誤認為蔬菜，但實際上這些是屬於澱粉類食物，吃低醣的人就要注意喔！

櫛瓜

營養（每 100 克）：
碳水化合物 1.8g、熱量 13 kcal

外型貌似黃瓜的櫛瓜，除了含有膳食纖維以外，美國食品成分資料庫的數據顯示，櫛瓜也含有豐富的 β-胡蘿蔔素，具有強抗氧化力，不過因 β-胡蘿蔔素屬於油溶性的營養素，將櫛瓜和食用油一同烹調才能增加 β-胡蘿蔔素的吸收率，不僅抗癌、還可護眼呢！除此之外，櫛瓜的 GI 值低，有助血糖和體重控制，因此很適合糖尿病患者或想瘦身的人食用，也常有人將櫛瓜刨絲後當作「類麵條」，作為低醣的主食。

蘆筍

營養（每 100 克）：
碳水化合物 4.5g、熱量 22 kcal

蘆筍富含維生素 A、B 群及鉀，也含有特殊的植化素能夠保護細胞免於自由基傷害，進而預防癌症，維生素 B 群可以協助消除疲勞、保健血管，而其中的鉀能幫助改善高血壓，預防水腫等好處。除此之外，蘆筍也是鐵質含量豐富的蔬菜，是吃素者的鐵質好來源。

羽衣甘藍

營養（每 100 克）：
碳水化合物 9g、熱量 49 kcal

羽衣甘藍是青花菜的親戚，含有豐富的葉酸以及維生素 A，能護眼、預防黃斑部病變，也能幫助神經系統的健全；同時含有豐富的維生素 C，能維持黏膜健康。羽衣甘藍烘乾後口感就像是海苔一樣，加點麻油、芝麻，就是很不錯的低醣點心，下次在餐桌上見到它時可別急著拒絕，來體驗它帶來的營養好處吧！

小黃瓜

營養（每100克）：
碳水化合物 2.4g、熱量 13 kcal

　　小黃瓜中含有豐富的膳食纖維，透過調節腸道菌能降低醣類轉化為脂肪，且因為小黃瓜的熱量很低，可以幫助改善肥胖、調節膽固醇等好處。此外，小黃瓜含有豐富的鉀、維生素和多種礦物質，能夠抗氧化、防癌，在炎炎夏日，將小黃瓜切絲混入櫛瓜麵中，再淋上麻醬和醬油，就像是日式涼麵般，能帶給我們解膩清爽的好口感！

白蘿蔔

營養（每100克）：
碳水化合物 3.9g、熱量 18 kcal

　　象徵好彩頭的白蘿蔔有豐富的膳食纖維，可促進腸胃蠕動，白蘿蔔中有種特殊的植化素稱為蘿蔔硫素（sulforaphane），能幫助血脂、血壓的穩定，也具有抗發炎的功效。白蘿蔔雖然屬於根莖類的蔬菜，但不同於紅蘿蔔，可消化性的碳水化合物低得許多，所以可以作為低醣族群的主要蔬菜來源！

黃豆芽

營養（每 100 克）：
碳水化合物 2.5g、熱量 34 kcal

　　黃豆發芽之後，蛋白質與醣類含量發生了改變，不同於屬於蛋白質的黃豆，黃豆芽則屬於蔬菜，富含著膳食纖維，可以幫我們補充膳食纖維的不足。建議自己孵黃豆芽，因為剛發芽的黃豆含有豐富的 GABA，這是一種可以幫助放鬆、入眠的營養素，不過在成長為黃豆後，GABA 就大幅減少囉！

綠花椰菜（青花菜）

營養（每 100 克）：
碳水化合物 4.4g、熱量 28 kcal

　　老少通吃的花椰菜家族都是熱量低、高纖維的蔬菜，可促進腸胃蠕動，也能保護血管，並提升身體免疫、增加我們防癌的能力。

白花椰菜（花菜）

營養（每 100 克）：
碳水化合物 4.5g、熱量 23 kcal

有些人會認為白色的花椰菜營養價值較低，其實它是低調的抗癌高手，也含有豐富的維生素、葉黃素、膳食纖維，能促進新陳代謝和保護眼睛。因為白花椰菜的菜花部分顏色、外型酷似白米，所以這幾年流行起花椰菜米，減醣飲食常利用白花椰菜做成「仿飯」（食譜參考 P50），利用白花椰菜取代部分白米，降低碳水化合物的攝取。

地瓜葉

營養（每 100 克）：
碳水化合物 4.4g、熱量 28 kcal

除了富含膳食纖維以外，地瓜葉的維生素含量也相當豐富，尤其是維生素 A、β-胡蘿蔔素與葉酸，其中葉酸是我們接近攝取不足的維生素，除了可以幫助腦部健康以外，也是維持心血管健康的關鍵營養素。

芹菜

營養（每100克）：
碳水化合物 3.1g、熱量 15 kcal

　　芹菜含豐富的鉀及膳食纖維，對於血壓、血脂的調節有很大的幫助，也能潤腸通便。芹菜的葉子比莖更有營養價值，且鉀離子含量較高，因此血壓調節的效果也較好，下次記得別把葉子丟掉，做成涼拌菜或煮湯都很好喔！

竹筍

營養（每100克）：
碳水化合物 7.3g、熱量 40 kcal

　　竹筍含有的維生素B群能促進代謝，而且竹筍也富含膳食纖維，並以粗纖維為主，可以增加糞便量，促進腸道蠕動、幫助排便。

甜椒

營養（每100克）：
碳水化合物 5.9g、熱量 29 kcal

多彩甜椒富含多種營養素，包含維生素
A、C、鉀等，其中最豐富的營養素莫過
於維生素 C，能提升身體的抗氧化能力，
清除身體中的自由基，能夠預防像是心血
管疾病等慢性發炎疾病。

藻類（海帶）

營養（每100克）：
碳水化合物 3.3g、熱量 10.8 kcal（以海帶為例）

藻類含有豐富的膳食纖維，像是紅藻、褐藻所含的膳食纖維豐富且多為水溶性居多，進入人體腸胃道後，會因吸水而膨脹易有飽足感，可避免過量攝食所造成的肥胖，並能幫助血糖、血脂的調節，也有助於腸道蠕動，促進腸道廢物的排泄、避免體內有害菌的生長，具有整腸作用。

大番茄（牛番茄）

營養（每100克）：
碳水化合物 4.04g、熱量 16.2 kcal

大番茄與小番茄不同，在營養學上是被歸類成蔬菜類，每份的熱量僅16大卡，是很棒的蔬菜來源。除此之外，大番茄也有豐富的膳食纖維，除了具有飽足感之外還能吸附油脂、減少油脂的吸收，且含有豐富的鉀離子，能夠幫助鈉離子及水分的代謝，預防水腫、幫助調節血壓。另外大番茄含有豐富的茄紅素，許多研究都指出茄紅素能夠提高體內燃脂的效果，改善脂肪代謝異常的問題。

花椰菜仿飯

擔心吃白米飯容易胖嗎？想控血糖、控制體重只好把飯量減半嗎？那你一定要試試「花椰菜飯」！只要把白花椰菜用切碎機攪打成末，狀似米粒的白花椰菜與橄欖油、少許鹽丟入鍋中快炒至乾燥，一次吃下一大碗也不易胖！IG 紅人這樣每天一碗，完食後除了獲得花椰菜的健康效益，滿滿纖維量還能為你帶來飽足感喔！但很多人想問，為什麼花椰菜飯有瘦身功效呢？

1 │ 高纖可以增加飽足感！

高纖維量攝取可以增加飽足感，避免因為飢餓而吃進更多的熱量，進而與控制體重有關；此外蔬菜類的低升糖負荷（glycemic load），可以降低飯後血糖波動，使飢餓感下降，達到降低熱量攝取的目的並且避免體脂肪的合成，而花椰菜就具有這樣的效果。

2 │ 每天食用花椰菜，可以有效降低體重！

2015 年哈佛大學針對 133,468 位男女之24 年世代研究中發現，增加食用特定蔬菜可有效改變體重，其中每天食用 125 克花椰菜，便可讓體重降低 1.37 磅（約 0.62公斤）。學者推敲原因為不同的蔬菜水果有各其不同特性，將影響受試者的飽足感、血糖與胰島素反應變化，以及每日的熱量攝取或消耗！

3 │ 花椰菜被認為可有效抗肥胖！

但為何花椰菜特別有效呢？過去 10 年在動物、細胞研究中發現，花椰菜中豐富的蘿蔔苷（glucoraphanin），經由收成、截切、咀嚼後，碰到本身細胞中或人類腸道菌叢酵素——黑芥子酶（myrosinase）催化後產生之蘿蔔硫素（sulforaphane, SFN），具有預防肥胖的效益，所以將花椰菜用切碎機切成末來烹調是有道理的！

針對肥胖導致的發炎狀態，研究發現蘿蔔硫素（sulforaphane, SFN）可活化抗發炎反應，另外在給予西式飲食的小鼠試驗中也發現，SFN 可以降低肥胖飲食導致之體重增加數、提高胰島素敏感性等。文獻更近一步指出，SFN 可以抑制脂肪細胞內三酸甘油酯的合成與累積、讓白色脂肪細胞棕色化、促進脂肪細胞凋亡、促進脂解作用的發生等。

花椰菜香料飯

熱量	117.5 大卡
蛋白質	2.6 克
脂質	10.2 克
醣類	6.7 克
纖維	3.05 克
鈉	388.3 毫克

材料

● 花椰菜150g ● 橄欖油菜10g ● 鹽或香料菜少許

做法

1. 花椰菜以流水洗淨後擦乾（一定要擦乾，不然吃起來太多水份，口感近似炒青菜）。

2. 花椰菜去外葉，分切成小塊後丟入切碎機碎成末。

3. 將橄欖油加入鍋中與花椰菜末炒至鬆散軟化（約3~5分鐘）。

4. 最後加鹽或香料（例如義式香料、百里香、胡椒、薑黃粉等）起鍋。

番茄肉醬花椰菜飯

熱量	459.4 大卡
蛋白質	23.9 克
脂質	35.2 克
醣類	16.6 克
纖維	6.6 克
鈉	551.9 毫克

材料
- 花椰菜香料飯適量 ● 牛番茄1/2個 ● 洋蔥1/4個
- 豬絞肉100克 ● 橄欖油少許 ● 黑胡椒少許 ● 蒜末少許
- 辣椒少許 ● 低脂高湯約25毫升 ● 月桂葉1~2片
- 新鮮羅勒（或九層塔）4~6片

做法
1. 將花椰菜香料飯以義式香料調味（如羅勒）盛起來備用。

2. 洋蔥、牛番茄、蒜末、辣椒切碎備用。

3. 豬絞肉以黑胡椒及鹽抓過調味備用。

4. 將橄欖油入鍋以小火與洋蔥末炒至金黃，香氣四溢後加入蒜末與辣椒炒出香氣。

5. 加入牛蕃茄末炒至軟化。

6. 將調味過的豬絞肉加入鍋中一起拌炒至鬆散。

7. 加入低脂高湯、月桂葉、羅勒待收汁後，直接淋在花椰菜香料飯上即可上桌（花椰菜飯非常適合跟醬汁一起搭配食用）。

花椰菜蛋炒飯

熱量	**331.7 大卡**
蛋白質	**21.5 克**
脂質	**22.6 克**
醣類	**15.4 克**
纖維	**4.2 克**
鈉	**658.1 毫克**

材料

- 花椰菜香料飯（先不調味或只加鹽巴）適量
- 蒜末 2~3 瓣　● 雞蛋 2 顆　● 白胡椒少許　● 鹽少許
- 青蔥末半根　● 薄鹽醬油少許

做法

1. 將花椰菜香料飯不調味，盛起來備用。

2. 橄欖油入鍋待油溫升起，撒蒜末爆香。

3. 將雞蛋佐白胡椒與鹽打散，倒入鍋中煎至成形。

4. 加入花椰菜飯一起炒至鬆散，最後淋上薄鹽醬油，再灑上青蔥末拌炒一下即可上菜囉！（花椰菜飯非常適合做炒鍋料理，但是料理的水分一定不能多，否則會失去口感變成炒青菜）。

肉品類

一般人總認為減肥中肉不能吃多，但這是錯誤的觀念！對於正在進行減肥，或減醣飲食的人來說，肉品含有豐富的蛋白質，且胺基酸組成較完整，能降低肌肉流失的問題，達到減脂維持肌肉，甚至增加肌肉的目標！各種肉類都會是很好的蛋白質來源，營養師建議以白肉、海鮮為主，偶爾再搭配點紅肉，這樣可以滿足口腹之慾，也可以顧及健康。

雞肉

營養（每 100 克）：
碳水化合物 0 g、熱量 157 kcal（以雞腿為例）

雞肉所含的蛋白質十分豐富，油脂含量也較低，如果已經用了大量的油脂來烹調，那低脂雞肉就是平衡油脂和蛋白質熱量的好食材。雞肉幾乎屬於白肉，研究也發現攝取以「白肉」為主的飲食習慣能降低腸癌、高血脂、中風的機會。

牛肉

**營養（每100克）：碳水化合物 0 g、
熱量 184 kcal（以菲力為例）**

　　牛肉也是很好的蛋白質來源，但不同部位的油脂含量差異很大，牛小排、牛五花的油脂含量幾乎是菲力牛排的 3 倍，因此想吃牛肉補蛋白質時，建議選擇菲力、瘦牛腩等部位，可以減少油脂熱量的負擔。牛肉也是鐵質食物的代表，每 100 公克的鐵質可以有 3.4 毫克，大約是成年人每日需求的 20 至 30%，是補充鐵的好食材。

豬肉

**營養（每100克）：碳水化合物 0 g、
熱量 212 kcal（以豬大里肌為例）**

　　豬肉富含蛋白質以外，也是維生素 B1 的代表，每 100 公克的豬肉大約可以滿足將近 50% 的維生素 B1 需求。維生素 B1 負責人體的能量代謝，國民營養調查發現我們的維生素 B1 攝取量稍嫌不足，所以可以在飲食中吃些豬肉，幫我們補充維生素 B1。但要注意，不同的豬肉部位、油脂和熱量也都不同，建議吃比較低脂的部位，像是大里肌、小里肌或是瘦腿肉，建議減少攝取五花肉，才能減少油脂和飽和性脂肪酸造成的負擔。

羊肉

營養（每 100 克）：
碳水化合物 0g、熱量 292 kcal

　　羊肉富含蛋白質、鐵等營養素，羊肉的鐵含量不輸給牛肉，在中醫角度，羊肉可以滋補活血，可能也與羊肉的鐵含量豐富有關。不過有很多人會怕羊腥味，而本土都是飼養山羊，這種羊肉的腥味比進口綿羊肉少得許多，且羊的屠宰年齡、是否閹割也都影響羊腥味，因此建議選擇有國產羊肉標章的羊肉，就能享受到有點羊味，又不會太腥的美味羊肉。

海 鮮 類

　　海鮮與肉類一樣，醣類含量都很低，又具有高蛋白、低脂肪的特色，且鯖魚、鮭魚、秋刀魚又含有豐富的 omega-3 脂肪酸，如：DHA、EPA，能幫助我們降低膽固醇、預防心血管疾病和憂鬱症，是很適合減醣飲食的好食材。

鮭魚

營養（每 100 克）：
碳水化合物 0g、熱量 155 kcal

　　鮭魚含有蛋白質、omega-3 脂肪酸等營養素，屬於 omega-3 的 DHA 與 EPA 具有降低血膽固醇、活化腦細胞、預防心血管

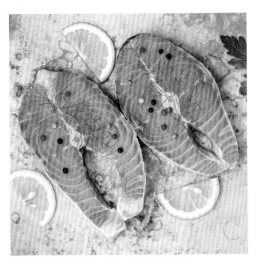

疾病、抗發炎的功效，能幫助我們在減醣時維持足夠的體力，也能幫助我們維持好精神、好情緒！

鯖魚

營養（每 100 克）：
碳水化合物 0.2g、熱量 417 kcal

　　鯖魚是 DHA、EPA 含量高的代表魚種，幫助我們調節 omega-3 與 omega-6 脂肪酸的平衡，能夠維持免疫功能，也降低發炎問題，台灣宜蘭就可以捕撈到鯖魚，可以符合現在攝取在地食材的趨勢。不過市售大多的鯖魚有經過鹽漬，所以在煮之前可以先用水清洗過去除多餘鹽分，在烹調時也減少用鹽，以免攝取太多的鈉。

秋刀魚

營養（每 100 克）：
碳水化合物 0g、熱量 314 kcal

　　秋刀魚與鮭魚、鯖魚一樣，都含有豐富的蛋白質與 omega-3 脂肪酸，不過秋刀魚的油脂含量比較高，且秋刀魚經常用烤的方式，有可能會讓油脂劣化，因此建議用低溫的烹調方式，或者減少烤、炸的頻率，才能獲得充足的 omega-3 脂肪酸的營養。

鮪魚

營養（每 100 克）：碳水化合物 0g、
熱量 106 kcal（以鮪魚肚為例）

　　這邊說的鮪魚不是指大型的黑鮪魚，而是台灣東部就可以捕撈到的黃鰭鮪魚，這種魚種體型較小，可以幫我們補充蛋白質以外，身上的重金屬累積也比較少，減少對人體的負擔。除此之外，鮪魚有豐富的維生素 D，而大部分人的維生素 D 攝取狀況十分不佳，所以適時地吃點鮪魚也可以幫我們補充維生素 D，促進骨質健康。

蝦子

營養（每 100 克）：碳水化合物 1.0 g、
熱量 100 kcal（以草蝦為例）

　　蝦子主要成分為蛋白質，脂肪含量
低，蛋白質比例達到 22%，是不錯
的蛋白質來源。蝦子的烹調方式十分
多元，從清蒸、炒到炸都適合，透
過不同的烹調手法，增加飲食的多元
性，就能滿足我們減醣時的口慾！

蛤蜊

營養（每 100 克）：
碳水化合物 2.57g、熱量 kcal

　　蛤蜊除了富含蛋白質以外，也含有
豐富的鋅與牛磺酸，能夠抗疲勞、增
強免疫力。蛤蜊也含有鳥胺酸，這是
一種具有護肝效果的胺基酸，研究發
現先將蛤蜊放在攝氏 -4℃冷凍，能
夠提高 8 倍的鳥胺酸含量，買了蛤蜊
後不妨在吐沙後放入冷凍保存，以增
加營養吧！

水果類

每個水果廠家栽種方法不同、季節不同，都會讓水果的醣量不太一樣，雖然水果具有可消化性的醣，但因為水果含有豐富的維生素與植化素，所以建議用減少白飯、白麵條的方式來減醣，每天還是要攝取足夠的水果！

小番茄

營養（每 100 克）：碳水化合物 6.7g、熱量 35 kcal（以聖女番茄為例）

小番茄的含醣量不高，是水果的好來源，每 100 克只有 6.7 克的碳水化合物，而且膳食纖維佔其中的 1.5 克，因此是減醣時的好食材。小番茄也有豐富的茄紅素與類胡蘿蔔素，可以幫助人體抗氧化，減少自由基傷害和抗發炎，同時含有的膳食纖維可以促進腸道健康，讓腸道好菌生長更健全！

草莓

營養（每 100 克）：碳水化合物 9.3g、熱量 39 kcal

草莓除了含有膳食纖維，也是很好的維生素 C 來源，每 100 公克約含有 70 毫克的維生素 C，就能滿足我們 70% 的維生素 C 需求，能夠幫助我們抗氧化、促進腸道健康的功效。除此之外，草莓的有機酸還能幫助消化、刺激腸道蠕動喔！

橘子／柳橙

營養（每100克）：碳水化合物 10.5g、熱量 40 kcal（以椪柑為例）

柑橘類是維生素 C 的好來源，一顆椪柑大概可以幫我們補充 40% 的維生素 C 需求。柑橘果肉上的纖維絲，其實是很好的膳食纖維來源，所以建議大家在吃橘子時，要連同白絲一起吃進去，才能全面性得到橘子的健康價值喔！

蘋果

營養（每 100 克）：
碳水化合物 11.9 g、熱量 45 kcal

　　蘋果有許多種，像是五爪、加拉、富士等等
品種，不同品種蘋果的營養價值並不會有太大
差異。蘋果皮上有著豐富的多酚類營養，可以
幫助我們抗氧化、促進脂肪代謝等好處。不用
過於擔心農藥和蠟的問題，在檢驗合格狀況
下，都不會對人體有危害，所以營養師建議洗
淨後連皮一起吃，才能吃到全部的營養。

堅果種籽類

堅果類擁有豐富的不飽和脂肪酸、鎂、鉀、銅、硒等有益心血管健康的礦物質，且同時也是蛋白質、膳食纖維的良好來源。對於便祕族群來說，好的油脂與鈣、鎂離子，皆是促進腸道蠕動的重要營養素。另外，堅果種子含有豐富的維生素E，可以幫助維持細胞膜的完整性、預防抗氧化傷害，含有的膳食纖維，也有助於預防及改善便祕問題。不過市售很多堅果都會進行調味，建議要吃原味的堅果，避免加糖加鹽，才能減少糖和鈉的負擔，順利減醣！

在每日飲食指南中建議每天要攝取 1 份的堅果，但很多人會把 1 份堅果當成上限量，實際上這個是每日的建議量，至少要吃到 1 份的堅果，但由於堅果含有豐富的油脂，如果要吃比較多份時，在烹調油、肉類的選擇，就要挑比較少油的食材或方式，才能減少油脂的負擔。

核桃

營養（每 100 克）：
碳水化合物 11.2g、熱量 667 kcal

核桃含有的脂肪以不飽和脂肪酸為主，是很好的油脂來源，且核桃含有豐富的鉀離子與鎂離子，鉀離子可以幫助心血管舒張，減少高血壓風險，鎂離子是促進心臟功能的重點營養素，所以核桃能提升心血管的健康度，幫助我們保護心臟！

腰果

營養（每 100 克）：
碳水化合物 35.2g、熱量 566 kcal

腰果是我們最常吃的堅果之一，是鉀離子含量數一數二高的堅果，以一小把（20 克）計算，大概含有 170 毫克的鉀離子，大約可以滿足我們一天鉀離子需求的 5%。攝取足夠的鉀離子有助於血壓的降低與心血管舒張，幫助我們預防心血管疾病！

杏仁果

營養（每 100 克）：
碳水化合物 23.2 g、熱量 588 kcal

每百克杏仁果中，23.2 克的碳水化合物就有 9.8 克的膳食纖維，所含的膳食纖維是堅果中數一數二的高！膳食纖維可以幫助我們排便、促進腸道蠕動、預防便秘與腸癌等好處，而有好的腸道環境，也能透過影響血液中的免疫細胞，提升我們的免疫能力！杏仁果的鈣質含量也十分豐富，每 100 克有 250 毫克的鈣質，雖然植物性來源會降低鈣質吸收，但杏仁果還是不錯的鈣質來源，讓我們在吃零食時還可以同時獲得營養素。

夏威夷豆

營養（每 100 克）：
碳水化合物 18.2 g、**熱量** 700 kcal

夏威夷豆有「堅果女王」之稱，脂肪成分主要以油酸與棕櫚烯酸為主，這是單元不飽和脂肪酸，穩定度高，不易被自由基攻擊而受損，夏威夷豆也含有充足的維生素 E，可以幫我們抗氧化，消除自由基！除此之外，堅果中所含有的維生素 E 為天然形式，可以順利進入腦部發揮保護腦部細胞作用，因此吃夏威夷豆等堅果也可以預防腦部病變與憂鬱問題。

奇亞籽

營養（每 100 克）：
碳水化合物 42g（**有** 34g **為膳食纖維**）、 **熱量** 486 kcal

雖然一般人不會將奇亞籽當作堅果，但因為這種食物難以分類，因此將奇亞籽在這單元一起介紹。奇亞籽的營養，最主要是膳食纖維，能調整腸道環境，促進好菌生長，且膳食纖維在吸水之後會膨脹，進而產生飽足感，因此是減肥時期作為甜點、飲品的好食材！

3

跟營養師日日減醣！
減醣3餐這樣吃

3日 │ 減醣瘦肚餐

	早餐	午餐	晚餐
DAY 1	洋蔥燻雞炒蛋＋燙菠菜＋蘋果＋無糖歐蕾 熱量393大卡、碳水化合物23.5克、蛋白質18.5克、油脂25克	義式香料櫛瓜義大利麵佐起司雞胸＋無糖鮮奶茶 熱量646大卡、碳水化合物43.5克、蛋白質41.5克、油脂34克	鹽水雞腿蒟蒻涼麵＋味噌豆腐湯＋橘子 熱量394.4大卡、碳水化合物18克、蛋白質35.6克、油脂20克 
DAY 2	美生菜漢堡排＋低脂鮮乳 熱量482大卡、碳水化合物13.25克、蛋白質33克、油脂33克 	麻香千張白菜湯餃＋蘋果＋美式咖啡 熱量425大卡、碳水化合物26.1克、蛋白質36.5克、油脂19.4克	肉絲蛋炒飯＋麻油雙菇＋小番茄 熱量586大卡、碳水化合物52.5克、蛋白質26.5克、油脂30克
DAY 3	堅果蔬果綠拿鐵＋水煮蛋 熱量236.8大卡、碳水化合物28.5克、蛋白質8.2克、油脂10克	氣炸豬排豚骨拉麵＋薑絲青花菜＋優格醬草莓 熱量610.2大卡、碳水化合物50克、蛋白質37.3克、油脂29克 	舒肥菲力牛＋奶油炒菠菜＋無糖拿鐵 熱量629.5大卡、碳水化合物19.5克、蛋白質44.5克、油脂41.5克

早餐

洋蔥燻雞炒蛋＋燙菠菜＋ 蘋果＋無糖歐蕾

總計／熱量393大卡、碳水化合物23.5克、蛋白質18.5克、油脂25克

材料

- 燻雞肉35克
- 雞蛋1顆
- 油蔥20克
- 腰果5克
- 橄欖油10克
- 鹽、黑胡椒少許

- 菠菜30克
- 鹽少許

- 蘋果1顆

- 美式咖啡200毫升
- 低脂鮮奶120毫升

做法

洋蔥燻雞炒蛋

1 用平底鍋加入1小匙橄欖油燒熱，加入洋蔥炒至半熟。

2 加入市售燻雞肉，若沒有燻雞肉用雞胸肉替代，炒熟備用。

3 再將1小匙橄欖油燒熱，加入雞蛋炒至半熟。

4 將所有配料拌勻後撒上鹽、黑胡椒少許和腰果碎。

燙菠菜

1 將水燒開，放入菠菜燙熟。

2 撈起撒上鹽。

蘋果

挑選約女生拳頭大的蘋果，洗淨就可食用。

無糖歐蕾

1 沖泡一杯美式咖啡，或是市售中杯。

2 加入低脂牛奶120毫升。

義式香料櫛瓜義大利麵佐起司雞胸＋
無糖鮮奶茶

總計／熱量646大卡、碳水化合物43.5克、蛋白質41.5克、油脂34克

材料

- 雞胸肉140克
- 起司片1片
- 義大利麵40克
- 櫛瓜40克
- 青花椰菜60克
- 甜椒50克
- 橄欖油10克
- 大蒜、鹽、胡椒、義大利香料少許

- 無糖紅茶150毫升
- 低脂鮮奶120毫升

做法

義式香料櫛瓜義大利麵佐起司雞胸

1 雞胸肉於前一夜以鹽、胡椒、義大利香料醃漬後備用。

2 雞胸肉取出，鋪上起司片，以烤箱180度烤20～25分鐘後取出備用。

3 義大利麵煮熟備用。

4 櫛瓜刨成條狀、汆燙後拌入義大利麵、青花椰菜汆燙備用。

5 起鍋將橄欖油燒熱，加入些許大蒜碎爆香後放入甜椒清炒，拌入義大利麵、櫛瓜和青花椰菜。

6 起鍋前撒上鹽、義大利香料即可盛盤。

無糖鮮奶茶

市售無糖紅茶加入半杯低脂鮮奶即可。

材料

- 蒟蒻細麵1包
- 去骨雞腿一支
- 小黃瓜 30克
- 胡蘿蔔 30克
- 蔥少許
- 胡麻醬適量

- 傳統豆腐40克
- 味噌1大匙
- 海帶芽少許

- 橘子1顆

做法

鹽水雞腿蒟蒻涼麵

1 蒟蒻細麵用熱水泡過，去除鹼味。
2 去骨雞腿用棉繩捲起，內部塞入蔥絲、清蒸熟後切塊。
3 胡蘿蔔洗淨去皮，與小黃瓜一起切細絲。
4 將小黃瓜與胡蘿蔔絲放上蒟蒻細麵，淋入胡麻醬，最後撒上蔥絲即完成。

味噌豆腐湯

1 將豆腐切塊備用。
2 用滾水將味噌煮開，加入豆腐和海帶芽即可起鍋。

橘子

挑選1顆女生拳頭大小的橘子。

鹽水雞腿蒟蒻涼麵＋味噌豆腐湯＋橘子

總計／熱量 394.4 大卡、碳水化合物 18 克、蛋白質 35.6 克、油脂 20 克

美生菜漢堡排＋低脂鮮乳

總計／熱量482大卡、碳水化合物13.25克、蛋白質33克、油脂33克

材料

- 豬腿絞肉70克
- 美生菜2片
- 雞蛋1顆
- 起司片1片
- 番茄2片
- 洋蔥20克
- 橄欖油2小匙
- 鹽少許

⋯⋯⋯⋯⋯

- 低脂鮮乳240毫升

做法

美生菜漢堡排

1 將豬絞肉拌入些許食鹽後摔打出筋，並塑形。

2 將漢堡排、雞蛋煎熟備用。

3 以美生菜夾著漢堡排、雞蛋、番茄與洋蔥。

低脂鮮乳

1杯約240毫升的低脂鮮乳。

麻香千張白菜湯餃＋蘋果＋美式咖啡

總計／熱量 425 大卡、碳水化合物 26.1 克、蛋白質 36.5 克、油脂 19.4 克

材料

- 千張皮 10 張
- 豬瘦絞肉 100 克
- 高麗菜 50 克
- 小白菜 100 克
- 麻油 5 克
- 鹽、白胡椒少許

- 蘋果 1 顆

- 美式咖啡 1 杯約 8oz

做法

麻香千張白菜湯餃

1 小白菜洗淨切段備用。
2 高麗菜切碎，加入鹽抓出水後備用。
3 拌入豬絞肉和麻油備用。
4 用千張皮包入餡肉。
5 燒水將千張餃煮熟，加入小白菜後調味即可起鍋。

蘋果

1 顆約女生拳頭大的蘋果，洗淨即可食用。

美式咖啡

1 杯約 8oz 的美式咖啡。

材料

- 糙米飯80克
- 白花椰菜50克
- 雞蛋1顆
- 豬後腿肉70克
- 橄欖油1小匙
- 蔥、鹽、白胡椒少許

- 香菇50克
- 杏鮑菇50克
- 芝麻5克
- 麻油5克
- 蔥、鹽、白胡椒少許

- 小番茄10顆

做法

肉絲蛋炒飯

1 將豬後腿肉切絲汆燙備用。
2 白花椰菜絞碎,做成花椰菜米。
3 將油燒熱,打入雞蛋後加入糙米飯拌勻。
4 最後加入白花椰菜後悶熟後,以鹽、白胡椒調味扮炒起鍋,最後撒上蔥花。

麻油雙菇

1 將香菇和杏鮑菇切片備用。
2 以麻油熱鍋,加入蔥段爆香後加入香菇與杏鮑菇,炒熟調味,撒入白芝麻即可起鍋。

小番茄

水果準備1份,約10顆的小番茄。

肉絲蛋炒飯＋麻油雙菇＋小番茄

總計／熱量586大卡、碳水化合物52.5克、蛋白質26.5克、油脂30克

早餐

堅果蔬果綠拿鐵＋水煮蛋

總計／熱量236.8大卡、碳水化合物28.5克、蛋白質8.2克、油脂10克

材料

● 奇異果1顆
● 蘋果半顆
● 西洋芹50克
● 芽菜30克
● 小松菜40克
● 腰果5克

● 雞蛋1顆

做法

堅果蔬果綠拿鐵

1 將奇異果去皮、蘋果洗淨去核備用。
2 西洋芹、小松菜去根洗淨燙過備用。
3 用食物調理機將所有食材加入，並加入200毫升的水打成汁。

水煮蛋

水煮開後將雞蛋煮熟即可。

氣炸豬排豚骨拉麵＋薑絲青花菜＋優格醬草莓（藍莓）

總計／熱量 610.2 大卡、碳水化合物 50 克、蛋白質 37.3 克、油脂 29 克

材料

- 豬大里肌 140 克
- 拉麵 50 克
- 青江菜 50 克
- 水或高湯 1 碗
  （約 500 毫升）
- 蒜味風味油 1.5 小匙
- 蔥、鹽、黑胡椒少許

- 青花椰菜 80 克
- 橄欖油 1.5 小匙
- 蔥花、薑絲少許

- 無糖優格半碗
- 草莓（或藍莓）8 顆

做法

氣炸豬排豚骨拉麵

1. 豬排用豬排槌敲開，抹上鹽、黑胡椒，並噴上蒜味風味油放入氣炸鍋以 180 度氣炸 8 分鐘。
2. 青江菜汆燙備用。
3. 將水燒開，加入高湯塊。
4. 加入拉麵煮熟後，加入青江菜與蔥絲後起鍋，滴入數滴風味油，放上氣炸豬排即可上桌。

薑絲青花菜

1. 青花椰菜汆燙備用。
2. 橄欖油燒熱後放入薑絲些許爆香，淋入青花菜後即可上桌。

優格醬草莓

草莓洗淨備用，淋上無糖優格即可。

材料

- 菲力牛排約6oz
- 橄欖油1匙（約5克）
- 綜合生菜50克
- 大蒜、鹽少許

- 菠菜100克

- 培根15克（1條）
- 有鹽奶油5克
- 鹽、黑胡椒少許

- 義式咖啡1oz
- 低脂鮮奶1杯（約240毫升）

做法

舒肥菲力牛

1 菲力牛排以舒肥方式煮熟，並以平底鍋煎熟（無舒肥器具可用烤箱烤熟）。

2 橄欖油燒熱後將蒜片放入煎乾。

3 蒜油加入巴沙米克醋（油3：醋1比例）拌勻成為蒜味油醋醬。

4 將綜合生菜、菲力牛排擺盤，將蒜味油醋醬淋上綜合生菜。

奶油炒菠菜

1 將菠菜洗淨切碎備用。

2 將培根乾煎出油，培根取出備用。

3 培根油加入有鹽奶油燒熱後，將菠菜炒熟，視個人口味加入鹽後即可起鍋。

無糖拿鐵

將義式咖啡加入低脂鮮奶即可（能以市售無糖拿鐵代替）。

舒肥菲力牛＋奶油炒菠菜＋無糖拿鐵

總計／熱量 629.5 大卡、碳水化合物 19.5 克、蛋白質 44.5 克、油脂 41.5 克

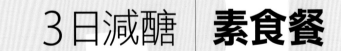

3日減醣 | **素食餐**

早餐	午餐	晚餐

DAY 1

純素香椿蔬菜蛋餅＋芭樂＋無糖豆漿

熱量732.4大卡、碳水化合物56.01克、蛋白質50.26克、油脂36.26克

蒟蒻飯＋鮮炒時蔬＋豆腐漢堡排

熱量434.4大卡、碳水化合物45.2克、蛋白質12.3克、油脂26.5克

薑黃毛豆炒花椰菜米＋檸香封烤蘆筍＋鳳梨銀耳甜湯＋香蕉

DAY 2

蘋果肉桂可可燕麥粥＋美式咖啡

熱量296.75大卡、碳水化合物39.28克、蛋白質9.7克、油脂13.32克

泰式櫛瓜涼麵＋豆漿豆花

熱量410.5大卡、碳水化合物60.6克、蛋白質25.4克、油脂2.9克

花椰菜米＋絲瓜花椰豆腐羹＋樹子炒水蓮豆乾絲＋牛蒡腰果湯＋百香果

熱量924.2大卡、碳水化合物92.9克、蛋白質56.2克、油脂42.8克

DAY 3

藜麥酪梨芒果沙拉＋豆漿拿鐵

熱量527.4大卡、碳水化合物53.17克、蛋白質32.13克、油脂20.7克

雙豆炒蒟蒻麵＋涼拌酒醋秋葵＋無糖綠茶

熱量438.6大卡、碳水化合物48.1克、蛋白質37.7克、油脂15.8克

五穀米飯＋普羅旺斯燉蔬菜＋堅果南瓜濃湯

熱量661.0大卡、碳水化合物89.7克、蛋白質30.9克、油脂24.2克

純素香椿蔬菜蛋餅＋芭樂＋無糖豆漿

總計／熱量732.4大卡、碳水化合物56.01克、蛋白質50.26克、油脂36.26克

材料

- 低筋麵粉30克
- 地瓜粉10克
- 冷開水70毫升
- 豆腐皮120克
- 香椿醬10克
- 高麗菜30克
- 素火腿20克
- 玉米筍20克
- 橄欖油10克
- 鹽、胡椒少許

- 芭樂155克

- 豆漿360毫升

做法

純素香椿蔬菜蛋餅

1 將高麗菜及素火腿切絲、玉米筍川燙後備用。

2 麵粉、地瓜粉、冷開水攪拌均勻備用。

3 熱鍋加油，倒入拌勻的粉漿後依序放上高麗菜絲、素火腿、豆腐皮，以鍋鏟略壓小火煎至金黃後翻面將豆腐皮煎香再翻面。

4 豆腐皮朝上塗上香椿醬，放上玉米筍、少許鹽胡椒調味後捲起即可。

水果

挑選約女生拳頭大的芭樂，洗淨就可以食用。

蒟蒻飯＋鮮炒時蔬＋豆腐漢堡排

總計／熱量434.4大卡、碳水化合物45.2克、蛋白質12.3克、油脂26.5克

材料

- 蒟蒻飯 100克

- 玉米筍 30克
- 四季豆 30克
- 紅蘿蔔 20克
- 小黃瓜 30克
- 薑絲適量
- 橄欖油 5克
- 鹽少許

- 嫩豆腐 140克
- 黃肉甘薯 45克
- 燕麥片 20克
- 洋菇 20克
- 橄欖油 15克
- 鹽、胡椒少許

做法

鮮炒時蔬

1 紅蘿蔔及小黃瓜切條備用。
2 鍋中加入少許油，煸香薑絲，接著下玉米筍、四季豆、紅蘿蔔加少許水拌炒，最後加入小黃瓜、鹽翻炒即可。

豆腐漢堡排

1 嫩豆腐以餐巾紙包裹後重壓脫水搗碎備用。
2 將甘薯蒸熟後壓成泥、洋菇切小丁備用。
3 鍋內放少許油、洋菇煸香後放涼備用。
4 豆腐泥加入甘薯泥、燕麥片、洋菇、少許鹽及胡椒拌勻。
5 以手塑型成圓球後壓扁，放入鍋中煎至雙面金黃即可。

材料

- 花椰菜米160克
- 毛豆仁100克
- 杏鮑菇50克
- 木耳50克
- 薑黃粉10克
- 橄欖油5克
- 鹽、胡椒少許

- 檸檬15克
- 蘆筍100克

- 橄欖油5克
- 鹽、胡椒少許

- 銀耳50克
- 鳳梨30克
- 紅棗10克
- 枸杞子5克
- 冷開水500毫升

- 香蕉150克

做法

薑黃毛豆炒花椰菜米

1 將杏鮑菇、木耳切小丁備用。
2 鍋內放少許油,加入杏鮑菇、木耳丁炒香,再加入花椰菜米、毛豆仁拌炒。
3 薑黃粉加入少許水拌勻後加入鍋中拌炒,起鍋前撒上調味料調味即可。

檸香封烤蘆筍

1 將檸檬切片,依序鋪上檸檬片、蘆筍於烘焙紙中間。
2 均勻淋上橄欖油、鹽、迷迭香、黑胡椒粒後,將烘焙紙的邊往內蓋住食材。
3 取一張較大的鋁箔紙包裹在烘焙紙外層,放入烤箱以200度烤15分鐘後出爐即可。

鳳梨銀耳甜湯

1 將鳳梨切片備用。
2 銀耳加冷開水以大火煮滾,放入鳳梨、紅棗小火煮10分鐘,起鍋前加入枸杞子即完成。

薑黃毛豆炒花椰菜米＋檸香封烤蘆筍＋鳳梨銀耳甜湯＋香蕉

總計／熱量531.7大卡、碳水化合物88.0克、蛋白質28.8克、油脂14.5克

DAY
2
減醣**素食餐**

蘋果肉桂可可燕麥粥＋美式咖啡

總計／熱量 296.75 大卡、碳水化合物 39.28 克、蛋白質 9.7 克、油脂 13.32 克

材料

- 燕麥 30 克
- 蘋果 30 克
- 開心果 15 克
- 可可粉 10 克
- 蜂蜜 10 克
- 肉桂粉適量

- 美式咖啡 240 毫升

做法

蘋果肉桂可可燕麥粥

1 先將燕麥、可可粉加水煮至微濃稠後拌入蜂蜜盛碗中。

2 再將蘋果切成小丁放入滾水裡，加入適量肉桂粉悶至入味後，起鍋放置於可可燕麥粥上，最後撒點開心果即可。

泰式櫛瓜涼麵＋豆漿豆花

總計／熱量410.5大卡、碳水化合物60.6克、蛋白質25.4克、油脂2.9克

瓜200克
f茄30克
黃瓜50克
ㄥ辣椒適量
● 香菜適量
● 素味露80克
● 素泰式東炎醬10克
● 冰糖10克
● 檸檬汁10克
● 香茅適量
● 冷開水適量

● 含糖豆漿350毫升
● 豆花200克
● 紅豆20克
● 花豆20克

做法

泰式櫛瓜涼麵

1 使用蔬果製麵機將綠櫛瓜製成櫛瓜麵，稍微川燙後撈起，放入冰水中冷卻瀝乾備用。

2 小番茄對半切、小黃瓜切絲、紅辣椒去籽切絲後備用。

3 香茅、香菜切碎加入素味露、素東炎醬、冰糖、檸檬汁、冷開水調勻成醬汁。

4 櫛瓜麵、醬汁、小番茄、小黃瓜、辣椒絲拌勻後再撒上適量香菜即可。

豆漿豆花

豆漿中加入豆花、紅豆、花豆少許冰塊即可。

材料

- 花椰菜米 80 克

- 絲瓜 100 克
- 乾香菇 10 克
- 傳統豆腐 200 克
- 綠花椰 100 克
- 枸杞子 10 克
- 蓮藕粉 10 克
- 薑絲適量
- 橄欖油 5 克
- 鹽少許

- 樹子、樹子汁適量
- 水蓮 100 克
- 豆乾絲 100 克
- 橄欖油 5 克
- 薑片適量
- 鹽、胡椒少許

- 牛蒡 80 克
- 腰果 30 克
- 猴頭菇 50 克
- 薑片適量
- 鹽、米酒少許

- 百香果 100 克

做法

絲瓜花椰豆腐羹

1 將乾香菇泡水 10 分鐘後擠乾切成絲備用。

2 豆腐、杏鮑菇、去皮絲瓜切成小條,綠花椰切成小朵狀備用。

3 接著熱鍋加入少許油、薑絲爆香,放入杏鮑菇、絲瓜、綠花椰炒勻加入少許水、豆腐及鹽調味悶煮。

4 最後將蓮藕粉加水拌勻倒入鍋中勾芡,起鍋前灑上枸杞子即可。

樹子炒水蓮豆乾絲

1 熱鍋加入少許油放入薑片、豆乾絲煸香後,放入水蓮快速拌炒。

2 接著加入適量樹子、樹子汁及調味料再次拌炒均勻即可。

牛蒡腰果湯

1 將牛蒡切片、猴頭菇塊備用。

2 準備一鍋水加入腰果略煮後,加入牛蒡、薑片猴頭菇以中小火煮滾約半小時。

3 等腰果軟後,淋上少許米酒、鹽提味即可。

花椰菜米＋絲瓜花椰豆腐羹＋樹子炒水蓮豆乾絲＋牛蒡腰果湯＋百香果

總計／熱量 924.2 大卡、碳水化合物 92.9 克、蛋白質 56.2 克、油脂 42.8 克

藜麥酪梨芒果沙拉＋豆漿拿鐵

總計／熱量 527.4 大卡、碳水化合物 53.17 克、蛋白質 32.13 克、油脂 20.7 克

材料

- 藜麥 20 克
- 毛豆仁 100 克
- 酪梨 80 克
- 蘋果 130 克
- 牛番茄 50 克
- 香菜適量
- 檸檬汁 15 克
- 橄欖油 5 克
- 黑胡椒少許

- 咖啡 180 毫升
- 無糖豆漿 360 毫升

做法

藜麥酪梨芒果沙拉

1 藜麥與水以 1：1.2 的比例放入電鍋蒸熟、毛豆仁川燙後放涼備用。

2 將酪梨去皮切塊，蘋果、牛番茄切塊後，加入檸檬汁、橄欖油、少許黑胡椒粉混合均勻。

3 最後拌入藜麥、毛豆仁、撒上香菜即可。

豆漿拿鐵

將黑咖啡與無糖豆漿以 1:2 的比例混合即可。

雙豆炒蒟蒻麵＋涼拌酒醋秋葵＋無糖綠茶

總計／熱量438.6大卡、碳水化合物48.1克、蛋白質37.7克、油脂15.8克

材料

- 鴻喜菇100克
- 蒟蒻麵100克
- 黃豆芽100克
- 毛豆仁80克
- 豆腐皮60克
- 橄欖油5克
- 醬油5克
- 胡椒少許

- 秋葵80克
- 蘋果50克
- 小番茄30克
- 巴薩米可醋15克
- 檸檬汁5克
- 檸檬皮絲少許
- 鹽少許

- 無糖綠茶500毫升

做法

雙豆炒蒟蒻麵

1 將蒟蒻麵稍微川燙後撈起切小段、豆腐皮切絲備用。

2 熱鍋加入少許油後放入豆腐皮煎香，再加入鴻喜菇、黃豆芽、毛豆仁拌炒。

3 最後加入蒟蒻麵、醬油、胡椒拌炒均勻即可。

涼拌酒醋秋葵

1 準備一鍋熱水，將秋葵川燙後，放入冰水裡冷卻瀝乾撈起，去蒂頭備用。

2 將蘋果、小番茄切小丁，拌入巴薩米可醋、檸檬汁、少許檸檬皮絲及鹽後拌勻。

3 將拌勻的酒醋醬淋在秋葵上即可。

材料

- 五穀米飯 100 克
- 綠櫛瓜 100 克
- 黃櫛瓜 100 克
- 圓茄子 100 克
- 番茄糊 50 克
- 橄欖油 5 克
- 迷迭香適量
- 百里香適量

- 黑胡椒適量
- 羅勒適量

- 南瓜 100 克
- 洋菇 50 克
- 素食高湯 200 克
- 橄欖油 5 克
- 黑豆 40 克
- 松子仁（或其他碎堅果）10 克

做法

普羅旺斯燉蔬菜

1 將櫛瓜、茄子切成等寬片狀後備用。

2 熱鍋入油，加入蕃茄糊及適量迷迭香、百里香、羅勒炒香後，鋪平在烤盤上，接著鋪上切好的蔬菜片。

3 撒上少許黑胡椒後進入烤箱以 150 度烤 30 分鐘至蔬菜即可。

堅果南瓜濃湯

1 南瓜放入電鍋蒸熟後壓成泥備用。

2 熱鍋加入少許橄欖油、洋菇、黑豆炒香，再加入南瓜泥、素食高湯煮約 3 ～ 5 分鐘。

3 將煮好的南瓜湯倒入果汁機攪打均勻倒至鍋中煮滾撒上松子仁即可。

五穀米飯＋普羅旺斯燉蔬菜＋堅果南瓜濃湯

總計／熱量661.0大卡、碳水化合物89.7克、蛋白質30.9克、油脂24.2克

5

5日減醣瘦肚餐
每日約 **100** 克醣

	早餐	午餐	晚餐
DAY 1	酪梨雞絲三明治＋藍莓檸檬飲 熱量418.33大卡、碳水化合物55.25克、蛋白質30.71克、油脂9.55克	鮮蝦烤蔬便當＋無糖綠茶 熱量366.3大卡、碳水化合物13.6克、蛋白質54.6克、油脂11.9克 	豆腐漢堡排＋鮭魚牛奶蔬菜湯 熱量998.3大卡、碳水化合物45.7克、蛋白質74.3克、油脂59.8克
DAY 2	紅藜水果鬆餅＋芝麻豆漿 熱量558.3大卡、碳水化合物45.4克、蛋白質27.15克、油脂32.4克	檸檬香茅松阪豬佐薑黃飯 熱量628.6大卡、碳水化合物47.0克、蛋白質23.9克、油脂39.6克	花椰菜飯＋秋葵蝦仁蒸蛋＋鳳梨炒木耳＋氣炸鹽麴雞腿 熱量409.3大卡、碳水化合物27.2克、蛋白質36.2克、油脂21.1克
DAY 3	穀物優格水果罐 熱量378.2大卡、碳水化合物52.1克、蛋白質10.8克、油脂15.5克 	香煎透抽＋塔香毛豆煎蛋 熱量530.3大卡、碳水化合物15.7克、蛋白質58.1克、油脂29.1克	起司雞胸千張麵 熱量655.8大卡、碳水化合物42.0克、蛋白質57.5克、油脂29.8克
DAY 4	水果沙拉蛋捲＋美式咖啡 熱量377.4大卡、碳水化合物23.2克、蛋白質18.9克、油脂25克	花椰菜鮪魚煎餅＋無糖烏龍茶 熱量260.0大卡、碳水化合物18.6克、蛋白質22.2克、油脂12.6克	牛排櫛瓜義大利麵＋羅宋湯＋胡麻龍鬚菜 熱量1000.7大卡、碳水化合物70.7克、蛋白質73.8克、油脂54.5克
DAY 5	千張蔬菜蛋餅＋堅果拿鐵 熱量686.7大卡、碳水化合物33.3克、蛋白質38.7克、油脂46.5克	花椰菜南瓜雞肉粥＋酒醋鮮魚沙拉 熱量674.3大卡、碳水化合物50.4克、蛋白質66.6克、油脂26.4克	酒蒸蛤蜊蒟蒻麵 熱量234.9大卡、碳水化合物23.3克、蛋白質19.0克、油脂10.1 

早餐

酪梨雞絲三明治＋藍莓檸檬飲

總計／熱量418.33大卡、碳水化合物55.25克、蛋白質30.71克、油脂9.55克

材料

- 全麥土司2片
- 酪梨1/2顆
- 雞胸肉100克
- 小黃瓜1條
- 牛番茄1/2顆
- 蘿美萵苣3片

- 藍莓150克
- 檸檬汁5克
- 冷水適量

做法

酪梨雞絲三明治

1 酪梨去核去皮切成條狀、小黃瓜切成條狀、牛番茄切成片狀，蘿美萵苣洗淨備用。

2 將雞胸肉以滾水燙熟後放涼撕成絲狀備用。

3 準備兩片吐司，選擇一片作為底，放上酪梨、小黃瓜、牛番茄、雞胸肉、蘿美萵苣，撒上一點黑胡椒後，蓋上另外一片吐司即可。

藍莓檸檬飲

將藍莓、檸檬汁及冷開水放入果汁機打勻後即可。

鮮蝦烤蔬便當＋無糖綠茶

總計／熱量366.3大卡、碳水化合物13.6克、蛋白質54.6克、油脂11.9克

材料

- 雞蛋1顆
- 草蝦6隻
- 綠花椰80克
- 甜椒1個
- 橄欖油5克
- 鹽、黑胡椒適量
- 義大利香料適量

- 無糖綠茶500毫升

做法

鮮蝦烤蔬便當

1 準備一鍋滾水，將雞蛋洗淨後連殼放入鍋中，煮約10分鐘撈起放涼後剝殼切對半備用。

2 將草蝦以滾水燙熟後放入冰水冷卻剝殼備用、綠花椰切成小朵，甜椒切成小片備用。

3 烤盤放上綠花椰、甜椒、玉米筍淋上橄欖油撒上鹽、黑胡椒、義大利香料後拌勻，入烤箱烤約15～20分鐘即可。

4 準備容器，放進烤蔬菜、草蝦及水煮蛋即完成。

材料

- 豬絞肉 100 克

- 板豆腐 150 克
- 雞蛋 1 顆
- 甜椒 1/2 個

- 橄欖油 10 克
- 鹽適量

- 鮭魚 100 克
- 花椰菜 100 克

- 洋蔥 50 克
- 紅蘿蔔 100 克
- 牛奶 240 克
- 奶油 12 克
- 鹽、黑胡椒適量

做法

豆腐漢堡排

1 將板豆腐以重物壓出水分後撥碎備用。
2 洋蔥、胡蘿蔔、甜椒切小丁用少許油炒香後放涼備用。
3 豬絞肉以刀剁碎後與豆腐、蛋液、洋蔥丁、胡蘿蔔丁、甜椒丁以手抓勻拌出黏性，手掌沾少許油將漢堡肉塑形圓形壓扁。
4 熱鍋加油後放入漢堡肉餅，煎至雙面金黃即可。

鮭魚牛奶蔬菜湯

1 將洋蔥、紅蘿蔔切塊備用，花椰菜切成小朵狀並燙約 3 分鐘撈起放涼備用。
2 熱鍋後放入奶油，將洋蔥炒香後放入紅蘿蔔，待紅蘿蔔出水放入鮭魚稍煎至表面金黃。
3 接著放入牛奶及少許水，小火燉煮至鮭魚熟透，最後放入黑胡椒、鹽巴調味及適量麵粉勾芡即完成。

豆腐漢堡排＋鮭魚牛奶蔬菜湯

總計／熱量 998.3 大卡、碳水化合物 45.7 克、蛋白質 74.3 克、油脂 59.8 克

早餐

紅藜水果鬆餅＋芝麻豆漿

總計／熱量 558.3 大卡、碳水化合物 45.4 克、蛋白質 27.15 克、油脂 32.4 克

材料

- 全麥麵粉 3 大匙
- 紅藜 10 克
- 鮮奶 120 克
- 雞蛋 1 顆
- 橄欖油 5
- 蘋果 1/2 個
- 奇異果 1 個

- 黑芝麻 3 大匙
- 無糖豆漿 240

做法

紅藜水果鬆餅

1 將紅藜水煮 5 分鐘後瀝乾備用。
2 麵粉加入牛奶及雞蛋液攪拌成麵糊後加入紅藜。
3 平底鍋加入少許油熱鍋，倒入麵糊雙面煎上色即可。
4 鬆餅上再鋪上切片的蘋果、奇異果等水果。

芝麻豆漿

準備果汁機，加入豆漿及黑芝麻攪打勻後即可。

檸檬香茅松阪豬佐薑黃飯

總計／熱量 628.6 大卡、碳水化合物 47.0 克、蛋白質 23.9 克、油脂 39.6 克

材料

- 糙米飯 1/2 碗
- 薑黃粉 1 大匙
- 洋蔥 1/2 顆
- 蔥花適量
- 豬頸肉 100 克
- 檸檬汁 10 克
- 醬油 10 克
- 蒜頭 3 顆
- 香茅適量
- 橄欖油 15 克

做法

檸檬香茅松阪豬佐薑黃飯

1 洋蔥切成丁、蒜頭切成蒜末備用。
2 熱鍋加入 1 茶匙油，加入洋蔥炒香後放入糙米飯及薑黃粉炒至均勻即可起鍋備用。
3 將豬頸肉加入檸檬汁、醬油、蒜頭末、香茅，再加一點水抓醃。
4 熱鍋加油，將醃好的豬頸肉與醬汁入鍋炒熟即可
5 薑黃飯鋪上檸檬香茅松阪豬，撒上蔥花及香菜即完成。

材料

- 花椰菜米80克

- 秋葵6根
- 草蝦仁3隻
- 雞蛋2顆
- 醬油15克
- 鹽適量

- 鳳梨30克
- 新鮮木耳2朵
- 鹽適量
- 薑絲適量
- 白醋5克
- 醬油5克
- 橄欖油5克

- 雞腿排1片
- 鹽麴15克
- 醬油5克
- 薑末適量
- 黑胡椒適量

做法

秋葵蝦仁蒸蛋

1 將秋葵去蒂頭切成片備用。

2 準備一個瓷碗以1:1加入蛋及水、醬油、鹽打勻後,撈起表面浮沫,放入秋葵及蝦仁。

3 進電鍋蒸10～15分鐘至凝固即可。

鮭魚牛奶蔬菜湯

1 將鳳梨切成小塊、木耳切成小朵備。

2 熱鍋加入油、薑絲炒香後加入鳳梨、木耳拌炒,加入少許水及調味料翻炒至收汁即可。

氣炸鹽麴雞腿

1 將雞腿排與鹽麴、醬油、砂糖、薑末、黑胡椒拌勻抓醃。

2 把抓醃好的雞腿排放入氣炸鍋,以180度加熱約6分鐘,確認上色後翻面繼續加熱約3～4分鐘,確認兩面金黃上色有熟即完成。

花椰菜飯＋秋葵蝦仁蒸蛋＋鳳梨炒木耳＋氣炸鹽麴雞

總計／熱量409.3大卡、碳水化合物27.2克、蛋白質36.2克、油脂21.1克

材料

- 無糖優格200克
- 香蕉1條
- 奇異果1個
- 核桃5個
- 麥片1大匙
- 蜂蜜5克

做法

穀物優格水果罐

1 香蕉切成片、奇異果切成小
  塊備用。

2 準備1個乾淨玻璃罐,第一
  層鋪上一半的優格,第二層
  放上水果(留少許放置頂
  層),第三層鋪上剩下的優
  格與蜂蜜,最後放上水果、
  核桃及燕麥片即可。

穀物優格水果罐

總計／熱量 378.2 大卡、碳水化合物 52.1 克、蛋白質 10.8 克、油脂 15.5 克

DAY 3

減醣餐
約100克醣

香煎透抽＋塔香毛豆煎蛋

總計／熱量530.3大卡、碳水化合物15.7克、蛋白質58.1克、油脂29.1克

材料

- 透抽1尾
- 胡椒鹽適量
- 橄欖油5克

- 雞蛋2顆
- 紅蘿蔔30克
- 毛豆仁50克
- 九層塔1小把
- 橄欖油10克
- 鹽適量

做法

香煎透抽

1 將新鮮透抽洗淨去除內臟後以餐巾紙擦乾。

2 熱鍋加油後放上透抽煎至捲曲、兩面焦香，起鍋切成小段撒上適量胡椒鹽即可。

塔香毛豆煎蛋

1 紅蘿蔔切成絲，九層塔切成小片備用。

2 毛豆仁以滾水川燙約3分鐘後，起鍋瀝乾備用

3 雞蛋液打勻加入紅蘿蔔、毛豆仁、九層塔、鹽拌勻。

4 鍋中加入油熱鍋後倒入蛋液，煎至兩面金黃即可。

起司雞胸千張麵

總計／熱量655.8大卡、碳水化合物42.0克、蛋白質57.5克、油脂29.8克

材料

- 千張3片
- 雞胸肉100克
- 洋蔥100克
- 板豆腐150克
- 雞蛋1顆
- 起司絲30克
- 番茄醬2大匙
- 黑橄欖10顆
- 小番茄10顆
- 黃甜椒80克
- 橄欖油5克
- 鹽、黑胡椒適量
- 義大利香料適量

做法

起司雞胸千張麵

1 將雞胸肉以滾水川燙至熟放涼撥成絲切成碎，洋蔥切成碎、黑橄欖切成片、黃甜椒切成小丁，小番茄切成丁後備用。

2 板豆腐以重物壓出水後用湯匙壓碎，加入小番茄、番茄醬、雞蛋、黃甜椒、雞胸肉及洋蔥。

3 準備深瓷碗，將肉醬與千張一層一層交替鋪上，最後撒上起司絲放入烤箱烤至表面金黃即可。

水果沙拉蛋捲＋美式咖啡

總計／熱量377.4大卡、碳水化合物23.2克、蛋白質18.9克、油脂25克

材料

● 全雞蛋2顆
● 蘋果1/2個
● 鳳梨30克
● 小黃瓜1條
● 葡萄乾1大匙
● 起司片1片
● 橄欖油10
● 鹽適量

⋯⋯⋯⋯⋯⋯

● 美式咖啡240毫升

做法

水果沙拉蛋捲

1 將雞蛋加入鹽打勻備用，蘋果、鳳梨、小黃瓜切成小丁備用。
2 入鍋加入油，倒入蛋液半凝固後放入蘋果、鳳梨、小黃瓜、葡萄乾、起司片，將蛋皮對折煎至雙面金黃即可。

花椰菜鮪魚煎餅＋無糖烏龍茶

總計／熱量260.0大卡、碳水化合物18.6克、蛋白質22.2克、油脂12.6克

材料

- 花椰菜米200克
- 高麗菜120克
- 胡蘿蔔1小段
- 洋菇4顆
- 水煮鮪魚100克
- 蔥花適量
- 雞蛋2顆
- 橄欖油10克
- 鹽、黑胡椒適量

- 無糖烏龍茶1瓶
  （約500毫升）

做法

花椰菜鮪魚煎餅

1 將高麗菜與胡蘿蔔切成絲，洋菇切成碎備用，把所有食材混合備用。

2 準備平底鍋熱鍋加油，倒入蛋液煎至兩面金黃上色即可。

材料

- 沙朗牛排1塊
- 綠櫛瓜1條
- 蒜頭2個
- 辣椒1條
- 橄欖油5克
- 義大利綜合香料適量
- 鹽適量

- 牛肋條100克
- 蒜頭2個
- 馬鈴薯80克
- 高麗菜150克
- 牛番茄100克
- 芹菜30克
- 番茄醬30克
- 鹽適量

- 義大利綜合香料適量
- 橄欖油5克
- 毛豆仁80克

- 胡麻醬2大匙
- 柴魚片1小把
- 龍鬚菜(或當季青菜) 200克

做法

牛排櫛瓜義大利麵

1 櫛瓜刨成麵條狀、蒜頭切成末、辣椒切成小片備用。
2 熱鍋加油放入蒜末及辣椒片炒香後,加入櫛瓜麵炒熟,最後撒上義大利綜合香料及少許鹽即可起鍋。
3 將牛排煎成喜好的熟度,起鍋放置在櫛瓜麵旁即完成。

羅宋湯

1 牛肋條切成塊、馬鈴薯切成塊狀、高麗菜切成小片、牛番茄切成塊、芹菜切成小段、蒜頭切成片備用。
2 準備好鍋子,熱鍋加油放入牛肋條煎至表麵微焦起鍋備用。
3 原鍋不洗加入蒜片炒香,再加入馬鈴薯、高麗菜、牛番茄、芹菜、番茄醬、牛肋條炒香加入適量水入鍋熬煮。
4 最後起鍋前加入鹽及義大利綜合香料調味即可。

胡麻龍鬚菜

川燙龍鬚菜後撈起,放入冰水冷卻、瀝乾置於盤上,最後淋上胡麻醬、撒上柴魚片即可。

牛排櫛瓜義大利麵 + 羅宋湯 + 胡麻龍鬚菜

總計／熱量 1000.7 大卡、碳水化合物 70.7 克、蛋白質 73.8 克、油脂 54.5 克

材料

- 千張 4 片
- 高麗菜 150 克
- 玉米粒 100 克
- 雞蛋 2 顆
- 鹽、黑胡椒適量
- 橄欖油 10 克

- 綜合堅果 20 克
- 咖啡 240 毫升
- 全脂鮮乳 360 毫升

做法

千張蔬菜蛋餅

1 將高麗菜切絲備用，雞蛋、
玉米粒、高麗菜、鹽與黑胡
椒拌勻備用。

2 準備平底鍋，熱鍋加油倒入
蛋液再鋪上 2 張千張皮，待
底部凝固後翻面鋪上 2 張千
張皮，直到雙面都煎到金黃
上色即可。

堅果拿鐵

將黑咖啡、全脂鮮乳與堅果一
起加入果汁機攪打均勻即可。

千張蔬菜蛋餅＋堅果拿鐵

總計／熱量686.7大卡、碳水化合物33.3克、蛋白質38.7克、油脂46.5克

花椰菜南瓜雞肉粥＋酒醋鮮魚沙拉

總計／熱量 674.3 大卡、碳水化合物 50.4 克、蛋白質 66.6 克、油脂 26.4 克

材料

- 花椰菜米 320 克
- 雞胸肉 100 克
- 南瓜 100 克
- 雞蛋 2 顆
- 鮮香菇 2 朵
- 薑絲適量
- 蔥花適量
- 鹽適量

- 橄欖油 5 克
- 鯛魚片 6 片
- 杏鮑菇 30 克
- 芝麻葉 30 克
- 蘿蔓萵苣 4 片
- 蒜末適量
- 巴薩米可醋 15 克
- 橄欖油 5 克

做法

花椰菜南瓜雞肉粥

1 將雞胸肉切成絲、南瓜切成條、香菇切成片備用。
2 熱鍋倒入油後放入薑絲爆香，加入雞胸肉炒至顏色變白，再加入香菇片炒勻，倒入適量水、花椰菜米、南瓜、鹽，淋上蛋液煮滾，最後撒上蔥花即可。

酒醋鮮魚沙拉

1 將鯛魚片川燙至熟，杏鮑菇切成條進烤箱烤至出水金黃備用。
2 沙拉碗拌入所有食材、巴薩米可醋及橄欖油拌勻即可。

酒蒸蛤蜊蒟蒻麵

總計／熱量 234.9 大卡、碳水化合物 23.3 克、蛋白質 19.0 克、油脂 10.1

材料

- 蒟蒻麵 1 包
- 蛤蜊 20 顆
- 蒜頭 5 顆
- 青江菜 100 克
- 鴻禧菇 50 克
- 嫩豆腐 150 克
- 蔥花適量
- 薑絲適量
- 米酒 15 克
- 橄欖油 5 克
- 鹽適量

做法

酒蒸蛤蜊蒟蒻麵

1 蛤蜊洗淨加鹽水吐沙備用、蒟蒻麵川燙後備用。
2 熱鍋放油，加入青江菜、蒜頭炒香，加入適量水、蛤蜊、鴻禧菇、嫩豆腐、薑絲。
3 煮滾後加入蒟蒻麵、米酒、蔥花及適量鹽即可。

5

5日減醣瘦肚餐
每日約150克醣

	早餐	午餐	晚餐
DAY 1	**黑芝麻鬆餅＋美式咖啡** 熱量629.7大卡、碳水化合物68.85克、蛋白質19.43克、油脂33.36克	**花椰菜米＋魚香雞丁茄子＋蒜味木耳炒雙色花椰＋無糖綠茶** 熱量356.3大卡、碳水化合物24.7克、蛋白質22.5克、油脂20.1克	**花菇雞湯豆腐麵＋檸香鮮蝦烤蔬佐水波蛋溫沙拉＋芭樂** 熱量606.7大卡、碳水化合物53.8克、蛋白質60.1克、油脂21.1克
DAY 2	**鮪魚起司全麥三明治＋可可歐蕾** 熱量664.73大卡、碳水化合物66.84克、蛋白質38.9克、油脂28.3	**菠菜蛋捲＋香煎味噌鮭魚** 熱量518.3大卡、碳水化合物11.9克、蛋白質49.3克、油脂30.7克	**花椰五穀米炒飯＋蒜頭蛤蜊湯＋無糖優格** 熱量451.6大卡、碳水化合物63.5克、蛋白質19.6克、油脂15.8克
DAY 3	**法國麵包佐蘋果酪梨醬＋無糖紅茶** 熱量282.8大卡、碳水化合物48.15克、蛋白質7.4克、油脂9.15克	**糙米飯（軟）＋秋葵豆腐佐胡麻醬＋洋菇炒肉片** 熱量553.4大卡、碳水化合物35.2克、蛋白質42.2克、油脂27.2克	**番茄海鮮麵＋蔥燒金針豆皮捲** 熱量727.7大卡、碳水化合物67.8克、蛋白質56.7克、油脂27.6克
DAY 4	**彩椒煎蛋＋奶油香蒜麵包＋無糖烏龍茶** 熱量555.9大卡、碳水化合物49.32克、蛋白質23.21克、油脂31.45克	**優格馬鈴薯沙拉＋四季豆雞肉煎餅＋蘋果** 熱量439.8大卡、碳水化合物30.2克、蛋白質36.6克、油脂19.1克	**花椰菜米＋香菇蒸肉餅＋蓮藕魚片黑豆湯** 熱量594.6大卡、碳水化合物55.2克、蛋白質55.3克、油脂22.4克
DAY 5	**蘋果沙拉豆皮蛋餅＋豆漿奶茶** 熱量615.2大卡、碳水化合物36.4克、蛋白質45.97克、油脂33.91克	**茄蛤蜊櫛瓜麵＋麻薑松阪豬＋蜂蜜檸檬汁** 熱量529.1大卡、碳水化合物44.3克、蛋白質34.8克、油脂28.2克	**彩蔬咖哩糙米飯＋黃瓜旗魚丸湯＋芒果鮮奶米布丁** 熱量489.2大卡、碳水化合物76.2克、蛋白質16.0克、油脂15.8克

黑芝麻鬆餅＋美式咖啡

總計／熱量629.7大卡、碳水化合物68.85克、蛋白質19.43克、油脂33.36克

材料

- 低筋麵粉60克
- 低脂鮮乳80克
- 砂糖10
- 雞蛋1顆
- 橄欖油10克
- 黑芝麻粉30克

- 美式咖啡240毫升

做法

　黑芝麻鬆餅

1　將麵粉過篩備用。
2　鮮乳、雞蛋、糖、油混合均勻後加入麵粉、黑芝麻粉快速拌勻
　　成麵糊備用。
3　熱鍋抹上一點油，倒入一匙麵糊，待麵糊起泡即完成。

花椰菜米+魚香雞丁茄子+
蒜味木耳炒雙色花椰+無糖綠茶

總計／熱量 356.3 大卡、碳水化合物 24.7 克、蛋白質 22.5 克、油脂 20.1 克

材料

● 花椰菜米 80 克

● 長茄子 100 克
● 雞腿 100 克
● 蔥適量
● 薑末適量
● 辣椒適量
● 蒜頭適量
● 辣豆瓣醬 20 克
● 白醋 5 克
● 醬油 5 克
● 白砂糖 5 克
● 鹽適量
● 花椒粉 5 克
● 橄欖油 10 克
● 鹽適量

● 綠花椰 40 克
● 白花椰 40 克
● 木耳 20 克
● 蒜頭適量
● 橄欖油 5 克
● 鹽適量

● 無糖綠茶 1 杯
（約 450 毫升）

做法

魚香雞丁茄子

1 將辣豆瓣醬、白醋、醬油、白砂糖、花椒粉混合調成醬備用；茄子及雞腿切小塊、適量蔥切成段備用；熱鍋加油，放入雞腿塊煎上色後起鍋備用。

2 放入少許油加入蒜頭、辣椒、薑末爆香，加入雞腿塊、茄子炒香。

3 加入事先調好的醬拌炒，最後加入蔥段即可。

蒜味木耳炒雙色花椰

1 將綠花椰及白花椰切成小朵狀、木耳切絲備用。

2 熱鍋加油加入蒜片炒香，再加入綠白花椰及木耳炒熟，最後加點鹽調味即可。

材料

- 乾花菇 3 朵
- 紅蘿蔔 30 克
- 雞腿 100 克
- 薑片適量
- 豆腐麵 155 克
- 鹽適量

- 鮮蝦 4 隻
- 玉米筍 5 個
- 紅甜椒 50 克
- 洋蔥 50 克
- 櫛瓜 50 克
- 蘆筍 50 克
- 羅勒適量
- 檸檬汁 15 克
- 檸檬皮絲適量
- 橄欖油…5 克
- 雞蛋…1 顆

- 芭樂…1 個

做法

花菇雞湯豆腐麵

1 雞腿切塊後稍微川燙去血水，紅蘿蔔切塊、乾花菇泡水備用。

2 準備一鍋熱水，加入雞腿、紅蘿蔔、花菇、薑片煮滾，最後加入豆腐麵及鹽調味即可。

檸香鮮蝦烤蔬佐水波蛋溫沙拉

1 準備一鍋熱水，將雞蛋先打入碗中，待水滾加入少許鹽及醋，加入雞蛋不斷攪拌約 20 秒後，即可將水波蛋撈起備用。

2 將鮮蝦川燙後剝殼、洋蔥切絲備用，紅甜椒、櫛瓜切片後，與玉米筍、蘆筍一併川燙備用。

3 準備一個碗，將所有蔬菜、鮮蝦、檸檬汁、羅勒、橄欖油加入後拌勻，最後撒上檸檬皮絲及放上水波蛋即可。

水果

挑選約女生拳頭大的芭樂，洗淨就可以食用。

花菇雞湯豆腐麵＋檸香鮮蝦烤蔬佐水波蛋溫沙拉＋芭樂

總計／熱量606.7大卡、碳水化合物53.8克、蛋白質60.1克、油脂21.1克

鮪魚起司全麥三明治＋可可歐蕾

總計／熱量664.73大卡、碳水化合物66.84克、蛋白質38.9克、油脂28.3克

材料

- 水煮鮪魚100克
- 起司片2片
- 牛番茄50克
- 全麥吐司2片
- 鹽、黑胡椒適量

- 黑巧克力(85%)30克
- 低脂鮮乳240克

做法

鮪魚起司全麥三明治

1 將牛蕃茄切片備用。
2 準備兩片吐司，選擇一片作為底，放上水煮鮪魚、起司片、牛
番茄，撒上一點鹽與黑胡椒後，蓋上另外一片吐司及完成。

可可歐蕾

將牛奶加熱後放入黑巧克力拌勻及完成。

菠菜蛋捲＋香煎味噌鮭魚

總計／熱量 518.3 大卡、碳水化合物 11.9 克、蛋白質 49.3 克、油脂 30.7 克

材料

- 雞蛋 1 顆
- 低脂鮮奶 70 克
- 菠菜 100 克
- 鹽適量
- 橄欖油 10 克

- 鮭魚 150 克
- 味噌 15 克
- 橄欖油 5 克

做法

菠菜蛋捲

1 將雞蛋、鮮奶與鹽混合均勻。

2 熱鍋加油，倒入雞蛋液、放上菠菜，煎至微凝固後翻面煎，最後將蛋捲起即可。

香煎味噌鮭魚

1 將鮭魚抹上味噌靜置 10 分鐘。

2 熱鍋加油，將味噌鮭魚放上煎至兩面金黃即可起鍋。

材料

- 五穀米飯 100 克
- 花椰菜 30 克
- 玉米筍 5 個
- 鷹嘴豆 8 顆
- 蔥花適量
- 蒜片適量
- 鹽、胡椒適量

- 橄欖油 5 克

- 蛤蜊 20 顆
- 蒜頭 10 個
- 薑絲適量
- 水 550 毫升
- 米酒適量

- 蔥花適量
- 鹽適量

- 無糖優格 100 克

做法

花椰五穀米炒飯

1 將花椰菜切成小朵備用。
2 熱鍋加油放入蒜片爆香，放入花椰菜、玉米筍、鷹嘴豆拌炒，再加入五穀米飯拌炒均勻，撒上適量蔥花、鹽與胡椒即可。

蒜頭蛤蜊湯

1 將蛤蜊吐沙後備用。
2 乾鍋將蒜頭炒香後加入蛤蜊、水煮至蛤蜊開，最後加入薑絲、米酒、鹽及蔥花再滾一下即可。

花椰五穀米炒飯＋蒜頭蛤蜊湯＋無糖優格

總計／熱量451.6大卡、碳水化合物63.5克、蛋白質19.6克、油脂15.8克

法國麵包佐蘋果酪梨醬＋無糖紅茶

總計／熱量 282.8 大卡、碳水化合物 48.15 克、蛋白質 7.4 克、油脂 9.15 克

材料

- 法國麵包 2 片
- 酪梨 100 克
- 蘋果 50 克
- 奇異果 50 克
- 洋蔥 50 克
- 薄荷葉適量

- 無糖紅茶 240 毫升

做法

法國麵包佐蘋果酪梨醬

1 將法國麵包切成厚片，蘋果、奇異果、洋蔥切成小丁，薄荷葉
切碎備用。

2 酪梨壓拌成泥，加入蘋果、奇異果、洋蔥丁及少許碎薄荷葉拌
均勻後即可抹在法國麵包上食用。

糙米飯（軟）＋秋葵豆腐佐胡麻醬＋洋菇炒肉片

總計／熱量553.4大卡、碳水化合物35.2克、蛋白質42.2克、油脂27.2克

材料

- 糙米飯（軟）1碗

- 秋葵50克
- 嫩豆腐150克
- 柴魚片1小把
- 胡麻醬20克

- 洋菇6朵
- 豬里肌肉片100克
- 辣椒適量
- 薑絲適量
- 蒜頭適量
- 蔥花適量
- 醬油5克
- 鹽、胡椒適量
- 橄欖油5克

做法

▌秋葵豆腐佐胡麻醬

1 將秋葵川燙後去蒂頭切成備用。

2 嫩豆腐切成方塊加入秋葵，淋上胡麻醬及撒上柴魚片即可。

▌洋菇炒肉片

1 將洋菇對半切，辣椒斜切成片備用。

2 熱鍋加油，加入辣椒、蒜頭爆香，放入洋菇、豬里肌肉片炒香。

3 接著加入醬油、適量鹽、胡椒調味，最後撒上薑絲及蔥花即可起鍋。

材料

- 烏龍麵1包
- 草蝦3隻
- 蛤蜊10個
- 肉絲80克
- 牛番茄100克
- 高麗菜100克
- 紅蘿蔔30克
- 水500毫升
- 橄欖油5克
- 豆皮60克
- 金針菇80克
- 蒜末適量
- 薑末適量
- 蔥適量
- 太白粉5克
- 醬油10克
- 橄欖油10克

做法

番茄海鮮麵

1 將高麗菜切成小片、紅蘿蔔切小塊、牛番茄切成小丁備用。

2 熱鍋加油，加入肉絲拌炒再加入蕃茄丁一起炒香，加入適量水煮滾後，將草蝦、蛤蜊、紅蘿蔔放入鍋中煮熟，最後加入高麗菜及烏龍麵燙熟即可。

蔥燒金針豆皮捲

1 熱鍋加入少許油，豆皮攤開放入鍋中煎，將金針菇鋪放在豆皮上，再將豆皮捲起，起鍋備用。

2 再準備一鍋，熱鍋加油後放入薑末、蒜末、蔥段爆香，加入醬油、適量水，將金針豆皮捲放入，蓋上鍋蓋悶至入味後，加入少許太白粉水勾芡即完成。

番茄海鮮麵＋蔥燒金針豆皮捲

總計／熱量 727.7 大卡、碳水化合物 67.8 克、蛋白質 56.7 克、油脂 27.6 克

DAY 4

減醣餐
約 150 克醣

彩椒煎蛋＋奶油香蒜麵包＋無糖烏龍茶

總計／熱量 555.9 大卡、碳水化合物 49.32 克、蛋白質 23.21 克、油脂 31.45 克

材料

- 甜椒（黃）50 克
- 雞蛋 2 顆
- 鹽、黑胡椒適量

- 奶油 20 克
- 蒜頭 5 顆
- 吐司 2 片
- 巴西利適量

- 烏龍茶 240 毫升

做法

彩椒煎蛋

1 甜椒切成丁備用。
2 雞蛋打散加入甜椒丁及鹽、黑胡椒調味。
3 熱鍋加油加入蛋液煎熟即可。

奶油香蒜麵包

1 蒜頭、巴西利切成末備用。
2 奶油隔水融至微軟加入蒜頭、巴西利末，混合均勻抹在吐司上。
3 抹好的吐司片放入 200 度烤箱，烤至表面金黃即可。

優格馬鈴薯沙拉＋四季豆雞肉煎餅＋蘋果

總計／熱量439.8大卡、碳水化合物30.2克、蛋白質36.6克、油脂19.1克

材料

- 馬鈴薯90克
- 小黃瓜1條
- 優格50克
- 檸檬汁5克
- 橄欖油5克
- 蜂蜜5克

- 四季豆50克
- 雞胸肉105克
- 蔥花適量
- 雞蛋1顆
- 橄欖油5
- 鹽、胡椒適量

- 蘋果1個

做法

優格馬鈴薯沙拉

1 馬鈴薯蒸熟後壓扮成泥備用，水煮蛋、小黃瓜切成小丁備用。

2 水煮蛋加入馬鈴薯泥、優格、檸檬汁、橄欖油、蜂蜜混合均勻即可。

四季豆雞肉煎餅

1 四季豆切成小丁、雞胸肉剁碎成絞肉。

2 將所有食材混合，加入適量鹽、胡椒調味，以手整形圓餅備用。

3 熱鍋加油，放入雞肉餅煎至兩面金黃即可。

材料

- 花椰菜米80克

- 豬絞肉100克
- 荸薺4個
- 乾香菇3朵
- 蔥花適量
- 醬油10克
- 薑末適量
- 太白粉10克
- 鹽、胡椒適量

- 鯛魚片100克
- 蓮藕80克
- 黑豆25克
- 紅蘿蔔30克
- 蓮子10顆
- 薑絲適量

做法

香菇蒸肉餅

1 乾香菇泡水10分鐘後,擠乾切成小丁備用、荸薺切成小丁備用。

2 將豬絞肉與香菇、荸薺、蔥花、薑末、鹽與胡椒拌致產生黏性,以手整形成圓餅放入電鍋蒸熟。

3 醬油加入太白粉水勾芡後,淋在蒸好的肉餅上即可。

蓮藕魚片黑豆湯

1 紅蘿蔔切成塊,蓮藕切成片備用。

2 煮一鍋熱水,依序放入蓮藕、黑豆、紅蘿蔔及蓮子煮滾,最後加入鯛魚片、薑絲再煮滾一下即可。

花椰菜米＋香菇蒸肉餅＋蓮藕魚片黑豆湯

總計／熱量594.6大卡、碳水化合物55.2克、蛋白質55.3克、油脂22.4克

蘋果沙拉豆皮蛋餅＋豆漿奶茶

總計／熱量615.2大卡、碳水化合物36.4克、蛋白質45.97克、油脂33.91克

材料

- 甜豆腐皮2片
- 雞蛋1顆
- 蘋果1/2個
- 蘿美萵苣50克
- 葡萄乾20克
- 沙拉醬10克
- 橄欖油5克
- 鹽、黑胡椒適量

- 豆漿240毫升
- 紅茶240毫升

做法

蘋果沙拉豆皮蛋餅

1 蘋果切成小丁、美生菜切絲、雞蛋打散備用。
2 熱鍋加入油，倒入蛋液與放上攤開的豆皮煎至雙面金黃即可起鍋放涼備用。
3 將蘋果丁、葡萄乾、美生菜放在蛋餅皮上，擠上沙拉醬與鹽、黑胡椒調味捲起即可。

豆漿奶茶

將豆漿與紅茶以1：1的比例混合即可。

番茄蛤蜊櫛瓜麵＋麻薑松阪豬＋蜂蜜檸檬汁

總計／熱量529.1大卡、碳水化合物44.3克、蛋白質34.8克、油脂28.2克

材料

- 小番茄10顆
- 蛤蜊10顆
- 櫛瓜麵150克
- 雞胸肉45克
- 洋蔥30克
- 辣椒適量
- 蒜片適量
- 羅勒適量
- 橄欖油5克

- 豬頸肉70克
- 高麗菜150克
- 乾香菇3朵
- 麻油5克
- 薑片適量
- 米酒適量
- 鹽、胡椒適量

- 飲用水150毫升
- 檸檬汁30克
- 蜂蜜10克
- 冰塊適量

做法

番茄蛤蜊櫛瓜麵

1 洋蔥切成絲、小番茄切對半、辣椒切成片、雞胸肉切成條備用、蛤蜊洗淨吐沙備用。

2 熱鍋加入油、蒜片、洋蔥、雞胸肉炒熟，加入小番茄及辣椒炒勻後，再加入蛤蜊至蛤蜊開。

3 最後加入櫛瓜麵、羅勒炒勻即可。

麻薑松阪豬

1 高麗菜切小片、乾香菇泡水後擠乾、豬頸肉切成條狀。

2 熱鍋加入麻油及薑片爆香，接著加入香菇及豬頸肉拌炒。

3 最後放入高麗菜和一碗水悶煮10分鐘，起鍋前加入鹽與胡椒調味即可。

蜂蜜檸檬汁

將飲用水與蜂蜜很合均勻，加入檸檬汁及冰塊攪勻即可。

材料

- 咖哩塊 1 塊
- 鴻禧菇 50 克
- 小番茄 6 顆
- 洋菇 6 朵
- 綠花椰 50 克
- 糙米飯 160 克
- 水 200 毫升

- 橄欖油 5 克
- 鹽、胡椒適量

- 黃瓜 1/2 條
- 旗魚丸 4 顆
- 紅蘿蔔 30 克
- 芹菜適量

- 鹽、胡椒適量

- 芒果 70 克
- 白米 30 克
- 低脂鮮奶 150 毫升
- 核桃 2 粒

做法

彩蔬咖哩糙米飯

1 洋菇與小番茄對切、綠花椰切成小朵備用。
2 熱鍋加油，將洋菇、綠椰菜一起炒起鍋備用。
3 將水煮開，放入鴻禧菇與咖哩塊一起熬煮後，再將炒好的花椰菜與洋菇放入，加點鹽與胡椒調味。
4 將糙米飯淋上咖哩醬即可。

黃瓜旗魚丸湯

1 將黃瓜、紅蘿蔔切成塊，芹菜切成碎備用。
1 準備一鍋水，放入食材煮滾，起鍋前加入少許鹽、胡椒，撒上芹菜碎即可。

芒果鮮奶米布丁

1 芒果切成小丁、堅果切成碎。
2 將白米、鮮奶倒入鍋中以小火慢煮，持續攪拌煮約 30 分鐘再靜置 10 分鐘，以餘溫悶熟成入杯中。
3 將芒果丁及堅果碎放至碗中即可。

彩蔬咖哩糙米飯＋黃瓜旗魚丸湯＋芒果鮮奶米布丁

總計／熱量489.2大卡、碳水化合物76.2克、蛋白質16.0克、油脂15.8克

5

5日減醣瘦肚餐
每日約200克醣

早餐	午餐	晚餐
DAY 1		
泡菜雞起司豆皮捲＋芋頭西米露＋奇異果 熱量562大卡、 碳水化合物60.7克、 蛋白質62.1克、油脂25.6克	**青醬雞肉義大利麵＋中卷涼拌水果沙拉** 熱量549.1大卡、 碳水化合物66.9克、 蛋白質30克、油脂22.2克	**日式烤雞腿香菇炊飯＋綠葡萄** 熱量407.7大卡、 碳水化合物51.8克、 蛋白質22.2克、油脂16.1克
DAY 2		
香蕉燕麥粥＋油醋生菜蛋沙拉 熱量512.7大卡、 碳水化合物69克、 蛋白質23.1克、油脂19.3克	**日式親子起司丼＋山藥味噌湯＋蘋果** 熱量587.9大卡、 碳水化合物70.3克、 蛋白質28.6克、油脂24.5克	**什錦鍋燒麵＋紅龍果** 熱量465.2大卡、 碳水化合物68.1克、 蛋白質26.6克、油脂12.4克 
DAY 3		
櫛瓜蛋餅＋木瓜堅果牛奶 熱量514.1大卡、 碳水化合物62.5克、 蛋白質26.1克、油脂20.7克 	**蝦仁番茄蛋炒飯＋蜂蜜水果優格** 熱量602.6大卡、 碳水化合物94.6克、 蛋白質21.4克、油脂17.3克	**清炒蛤蜊義大利麵＋芭樂** 熱量553.2大卡、 碳水化合物65.7克、 蛋白質29.4克、油脂25.5克
DAY 4		
南瓜蔬菜豬肉粥＋水果優格沙拉 熱量561大卡、 碳水化合物84.4克、 蛋白質21.4克、油脂18.5克	**春捲＋香蕉** 熱量562.6大卡、 碳水化合物65.8克、 蛋白質32.7克、油脂23.6克 	**奶油海鮮河粉＋鳳梨** 熱量407.7大卡、 碳水化合物51.8克、 蛋白質22.2克、油脂16.1克
DAY 5		
蔬菜千張蛋餅＋鮮奶茶＋蘋果 熱量601.3大卡、 碳水化合物67.2克、 蛋白質39.9克、油脂22.2克	**夏威夷風味比薩＋日式鮭魚味噌湯＋雪梨** 熱量704.5大卡、 碳水化合物91.6克、 蛋白質21.9克、油脂30.4克	**卦包＋酪梨蔬果沙拉** 熱量445.9大卡、 碳水化合物64.6克、 蛋白質25.8克、油脂14.3克

材料

- 韓式泡菜 30 克
- 雞胸肉 30 克
- 起司片 2 片
- 豆腐皮 30 克
- 紅蘿蔔 35 克
- 小黃瓜 35 克
- 橄欖油 5 克

- 西谷米（生）15 克
- 芋頭 55 克
- 原味腰果 4 ～ 5 顆

- 奇異果 150 克

做法

泡菜雞起司豆皮捲

1 將豆皮展開、雞肉切條備用。

2 熱油鍋，將豆皮放入，煎至金黃後盛起。

3 放上起司片、泡菜、雞肉、蔬菜，順著豆皮紋路捲起，切小段後即完成。

芋頭西米露

1 芋頭切成塊狀，放入電鍋中蒸煮。

2 西谷米小火燉煮至米心熟透。

3 煮好的西米露放入冰水中冰鎮（口感更Q彈）。

4 將芋頭加入水及剁碎的腰果混合均勻燉煮，最後加入西谷米即完成。

泡菜雞起司豆皮捲＋芋頭西米露＋奇異果

總計／熱量 562 大卡、碳水化合物 60.7 克、蛋白質 62.1 克、油脂 25.6 克

青醬雞肉義大利麵＋中卷涼拌水果沙拉

總計／熱量 549.1 大卡、碳水化合物 66.9 克、蛋白質 30 克、油脂 22.2 克

材料

- 青醬適量
- 義大利麵 50 克
- 雞腿 40 克
- 牛番茄（紅）40 克
- 起司絲 15 克
- 洋蔥 15 克
- 蒜頭少許
- 玉米筍 30 克
- 橄欖油 5 克

- 花枝 60 克
- 綠蘆筍 100 克
- 百香果 1 顆
- 芭樂半顆
- 日式胡麻醬 10 克

做法

青醬雞肉義大利麵

1 熱油鍋放入蒜頭及洋蔥爆香，接著放入番茄、雞肉、玉米筍拌炒，待雞肉炒至八分熟，放入義大利麵及青醬。

2 起鍋前灑上起司絲即完成。

中卷涼拌水果沙拉

1 將花枝、蘆筍洗淨、川燙切段，芭樂切適口大小。

2 全部放入碗中，淋上百香果及胡麻醬即可。

日式烤雞腿香菇炊飯＋綠葡萄

總計／熱量407.7大卡、碳水化合物51.8克、蛋白質22.2克、油脂16.1克

材料

- 花糙米飯（軟）80克
- 雞腿80克
- 鴻喜菇50克
- 秀珍菇50克
- 花椰菜100克
- 白芝麻（熟）5克
- 杏仁片（熟）7克

- 綠葡萄13顆

做法

日式烤雞腿香菇炊飯

1 糙米飯提前一小時泡水後放入電鍋蒸煮。

2 雞肉切塊、蔬菜洗淨切段後拌入糙米，加入適當調味（醬油、鹽），盛碗後撒上芝麻及杏仁片即完成。

香蕉燕麥粥＋油醋生菜蛋沙拉

總計／熱量 512.7大卡、碳水化合物 69克、蛋白質 23.1克、油脂 19.3克

材料

- 麥角（乾）40克
- 香蕉 1.5根
- 低脂鮮乳 240毫升
- 開心果 4～5顆

- 結球萵苣 100克
- 雞蛋 1顆
- 橄欖油 5克
- 紅醋 5克

做法

香蕉燕麥粥

1 將燕麥水煮至熟後撈起。
2 加入低脂鮮乳、開心果，放入果汁機攪打均勻，最後鋪上香蕉即完成。

油醋生菜蛋沙拉

1 生菜洗淨、雞蛋水煮備用。
2 將上述食材放入碗中，淋上橄欖油及紅醋即可。

日式親子起司丼＋山藥味噌湯＋蘋果

總計／熱量587.9大卡、碳水化合物70.3克、蛋白質28.6克、油脂24.5克

材料

- 五穀米飯（軟）80克
- 雞蛋1顆
- 雞腿40克
- 洋蔥50克
- 香菇50克
- 起司絲25克
- 大豆油7.5克

- 台灣山藥40克
- 高麗菜50克
- 金針菇50克
- 味噌適量

- 富士蘋果1顆

做法

日式親子起司丼

1 雞肉、洋蔥、香菇洗淨切快切段。
2 起油鍋放入洋蔥及香菇爆香，加入雞肉拌炒。
3 最後加入打散的蛋液及起司絲，起鍋鋪在飯上即完成。

山藥味噌湯

1 山藥洗淨去皮切塊，放入味噌湯小火燉煮。
2 最後加入高麗菜及金針菇煮熟即完成。

材料

- 鍋燒麵180克
- 青江菜100克
- 秀珍菇50克
- 金針菇50克
- 蟹腳肉（或蝦、透抽等海鮮）40克
- 雞腿40克
- 白芝麻油5克
- 黑芝麻（熟）5克

- 紅龍果（紅肉）1顆

做法

什錦鍋燒麵

1 將青菜、菇洗淨備用，雞肉切塊後，
放入鍋中一同熬煮。

2 加入鍋燒麵及蟹腳肉。

3 最後起鍋前進行調味、撒上些許芝麻
即完成。

什錦鍋燒麵＋紅龍果

總計／熱量465.2大卡、碳水化合物68.1克、蛋白質26.6克、油脂12.4克

早餐

櫛瓜蛋餅＋木瓜堅果牛奶

總計／熱量 514.1 大卡、碳水化合物 62.5 克、蛋白質 26.1 克、油脂 20.7 克

材料

- 綠櫛瓜 100 克
- 養生麥粉 40 克
- 雞蛋 1 顆
- 大豆油 5 克

- 低脂鮮乳 240 毫升
- 木瓜 180 克
- 原味腰果 4-5 顆

做法

櫛瓜蛋餅

1　麥粉與蛋液混合均勻、櫛瓜洗淨切薄片。
2　起油鍋後先放入混合好的麥粉，待餅皮煎至稍微成形後鋪上櫛瓜。
3　煎至表面金黃後即可捲起起鍋切段。

木瓜堅果牛奶

1　木瓜洗淨切塊。
2　將木瓜、鮮乳、腰果放入果汁機均勻打散即可。

蝦仁番茄蛋炒飯＋蜂蜜水果優格

總計／熱量 602.6 大卡、碳水化合物 94.6 克、蛋白質 21.4 克、油脂 17.3 克

材料

- 胚芽粳米 40 克
- 牛番茄 50 克
- 玉米筍 50 克
- 高麗菜 50 克
- 青蔥 20 克
- 洋蔥 30 克
- 草蝦仁 50 克
- 雞蛋 1 顆
- 大豆油 7.5 克

- 優格（無加糖）100 克
- 蜂蜜（春蜜）10 克
- 奇異果 50 克
- 藍莓 30 克
- 蔓越梅 30 克

做法

蝦仁番茄蛋炒飯

1 蝦仁切塊、番茄、玉米筍切丁、青蔥、洋蔥切末、高麗菜切絲、雞蛋加鹽打散。
2 起油鍋，倒入蛋液炒至凝固盛出。
3 續原鍋，放入蝦仁煎至由綠轉紅取出。
4 倒入米飯、雞蛋及其他配料炒勻。
5 加入蔥花，最後可加鹽及白胡椒粉調整，關火即完成。

蜂蜜水果優格

1 將奇異果去皮切塊。
2 奇異果、藍莓、蔓越梅拌入無糖優格中。
3 淋上蜂蜜即完成。

材料

- 義大利麵 40 克
- 蛤蜊 160 克
- 蒜頭 20 克
- 紅甜椒 50 克
- 黃甜椒 50 克
- 洋菇 50 克

- 玉米筍 30 克
- 培根 40 克
- 橄欖油 5 克
- 杏仁片（熟）7 克

- 芭樂（白肉）1 顆

做法

清炒蛤蜊義大利麵

1 起油鍋加入蒜頭、培根拌炒。

2 放入蛤蜊後，將蛤蜊炒至殼打開。

3 放入義大利麵拌炒，隨後加入甜椒、洋菇、玉米筍。

4 起鍋後放入些許杏仁片拌勻即可盛盤。

清炒蛤蜊義大利麵+芭樂

總計／熱量 553.2 大卡、碳水化合物 65.7 克、蛋白質 29.4 克、油脂 25.5 克

材料

- 南瓜 85 克
- 五穀米飯（軟）40 克
- 高麗菜 50 克
- 紅蘿蔔 50 克
- 豬里肌肉 35 克
- 黑芝麻（熟）10 克

- 優格（無加糖）210 克
- 紅龍果（紅肉）55 克
- 小番茄（紅）110 克
- 香瓜半顆

做法

南瓜蔬菜豬肉粥

1 南瓜切塊後放入電鍋蒸煮。
2 高麗菜、紅蘿蔔洗淨切絲、豬里肌切段。
3 將所有食材與米飯加水放入電鍋中再蒸煮一次。
4 起鍋盛碗即完成。

水果優格沙拉

1 火龍果、香瓜去皮切塊。
2 連同小番茄一同加入無糖優格中即完成。

南瓜蔬菜豬肉粥＋水果優格沙拉

總計／熱量561大卡、碳水化合物84.4克、蛋白質21.4克、油脂18.5克

春捲＋香蕉

總計／熱量562.6大卡、碳水化合物65.8克、蛋白質32.7克、油脂23.6克

材料

- 春捲皮60克
- 韭菜100克
- 黃豆芽50克
- 木耳50克
- 雞蛋1顆
- 豆腐皮40克
- 起司絲20克
- 大豆油7.5克

- 香蕉1根

做法

春捲

1 起油鍋加入韭菜、豆芽菜、木耳以及切段的豆腐皮拌炒。

2 將雞蛋炒成散蛋狀。

3 所有食材放上鋪平的春捲皮後捲起即完成。

奶油海鮮河粉＋鳳梨

總計／熱量 407.7 大卡、碳水化合物 51.8 克、蛋白質 22.2 克、油脂 16.1 克

材料

- 安佳鮮奶油 20 克
- 河粉 60 克
- 杏鮑菇 50 克
- 紅甜椒 50 克
- 黃甜椒 50 克
- 胡瓜 50 克
- 紅肉鮭魚 35 克
- 花枝（烏賊）60 克
- 原味葵瓜子
  （去殼）10 克

- 鳳梨 120 克

做法

奶油海鮮河粉

1 將杏鮑菇、甜椒、胡瓜切段備用。
2 鮭魚、花枝同樣也切塊、切段備用、河粉川燙。
3 熱鍋加入鮮奶油後放入上述食材均勻拌炒。
4 最後加入葵瓜子點綴即可。

蔬菜千張蛋餅＋鮮奶茶＋蘋果

總計／熱量601.3大卡、碳水化合物67.2克、蛋白質39.9克、油脂22.2克

材料

- 千張40克
- 養生麥粉40克
- 高麗菜50克
- 苜蓿芽50克
- 杏仁片（熟）7克
- 大豆油5克

- 低脂鮮乳240毫升
- 紅茶茶湯120克

- 富士蘋果150克

做法

蔬菜千張蛋餅

1 麥粉加水拌勻，起油鍋後放入麥粉糊，待煎至稍微成形後放入展平的千張。

2 煎至表面金黃後放上高麗菜絲及苜蓿芽捲起。

3 最後撒上杏仁片於餅皮上後切段即可享用。

鮮奶茶

把鮮乳、紅茶攪拌均勻即可。

夏威夷風味比薩＋日式鮭魚味噌湯＋雪梨

總計／熱量704.5大卡、碳水化合物91.6克、蛋白質21.9克、油脂30.4克

材料

- 低筋麵粉60克
- 花椰菜80克
- 蒜頭10克
- 九層塔10克
- 洋菇50克
- 胡瓜50克
- 起司絲20克
- 鳳梨55克
- 培根40克
- 橄欖油7.5克

- 紅肉鮭魚40克
- 海帶適量
- 味噌適量

- 大雪梨1顆

做法

夏威夷風味比薩

1 低筋麵粉加水揉成麵團後發酵備用。
2 待麵團發酵完畢，擀成圓餅狀並刷上橄欖油。
3 放上花椰菜、蒜頭、九層塔、洋菇、胡瓜、鳳梨、培根。
4 最後撒上起司絲後放進烤箱中烘烤至熟。

日式鮭魚味噌湯

將鮭魚切塊後，與海帶芽、味噌一同放入熬煮即可。

材料

- 卦包…60克
- 豬里肌肉…35克
- 豬後腿肉…35克
- 花生粉…13克

- 不結球萵苣…100克
- 紫洋蔥…30克
- 綠蘆筍…30克
- 綠竹筍…40克
- 蜜棗李…1顆
- 酪梨…40克

做法

卦包

1 豬里肌肉及後腿肉剁碎調味煮熟。
2 包入卦包中並撒上花生粉即可。

酪梨蔬果沙拉

1 生菜洗淨、紫洋蔥切絲、綠蘆筍切段、綠竹
筍去皮切塊。
2 綠蘆筍川燙備用、蜜棗洗淨切塊。
3 挖出酪梨果肉。
4 最後將上述食材放入同一碗中拌勻即可。

卦包＋酪梨蔬果沙拉

總計／熱量445.9大卡、碳水化合物64.6克、蛋白質25.8克、油脂14.3克

7日｜減醣瘦肚餐

	早餐	午餐	晚餐
DAY 1	低醣鮪魚蛋餅＋香蕉牛奶＋蒜香花椰菜 熱量824.3大卡、碳水化合物76.2克、蛋白質45.5克、油脂37.5克	牛肉甜椒拌飯＋葡萄 熱量578.1大卡、碳水化合物61.7克、蛋白質32.2克、油脂26.8克	奶油鮭魚櫛瓜義大利麵＋芭樂 熱量403.3大卡、碳水化合物32.8克、蛋白質37.2克、油脂13.7克
DAY 2	日式豆皮蔬菜捲＋輕食酪梨溫沙拉＋腰果牛奶 熱量619.1大卡、碳水化合物43克、蛋白質32.35克、油脂35.3克	蝦仁蕃茄蛋炒花椰菜飯＋燕麥堅果優格 熱量677.7大卡、碳水化合物80.7克、蛋白質30克、油脂26.1克	蘿蔔絲涼麵佐莎莎醬 熱量482.9大卡、碳水化合物39.2克、蛋白質26.4克、油脂24.5克
DAY 3	花生歐姆蛋吐司＋雙色花椰菜沙拉 熱量863.2大卡、碳水化合物93.5克、蛋白質31.4克、油脂40.4克	咖哩起司雞肉飯＋味噌湯＋果汁 熱量635大卡、碳水化合物61.1克、蛋白質32.4克、油脂29.0克	減醣千張比薩 熱量381大卡、碳水化合物27.2克、蛋白質16.3克、油脂23.0克
DAY 4	高鈣地瓜牛奶堅果飲＋番茄酪梨蛋沙拉 熱量744.7大卡、碳水化合物68.5克、蛋白質72.9克、油脂19.9克	蛤蜊野菇炊飯＋蜜棗李 熱量538.8大卡、碳水化合物53.6克、蛋白質36.1克、油脂20克	總匯捲餅＋西瓜 熱量453.7大卡、碳水化合物37.3克、蛋白質28.2克、油脂21.3克
DAY 5	起司蔬菜蛋捲＋燙青菜＋無糖紅茶 熱量547.7大卡、碳水化合物28.4克、蛋白質31.8克、油脂34.1克	蝦仁佐花椰菜五穀米燉飯＋香蕉芝麻牛奶 熱量846.5大卡、碳水化合物116.9克、蛋白質36克、油脂26.1克	麻香雞胸櫛瓜涼麵＋奇異果 熱量381.7大卡、碳水化合物24.4克、蛋白質36.6克、油脂15.3克
DAY 6	紅薯藜麥海鮮沙拉＋鮮奶茶 熱量575.3大卡、碳水化合物52.9克、蛋白質50.2克、油脂18.1克	鮪魚花椰菜蛋炒飯＋莓果優格 熱量662.1大卡、碳水化合物82.1克、蛋白質33.7克、油脂22.1克	櫛瓜春捲＋香煎雞腿排 熱量492.8大卡、碳水化合物49.2克、蛋白質30.8克、油脂19.2克
DAY 7	香蕉鬆餅＋蜂蜜燕麥奶 熱量759.4大卡、碳水化合物105.7克、蛋白質29.7克、油脂24.2克	XO醬紫蘇炒飯＋焗烤白菜 熱量705.2大卡、碳水化合物36.3克、蛋白質42.8克、油脂43.2克	金黃蟹肉櫛瓜炒麵＋西班牙冷湯 熱量354.6大卡、碳水化合物45.5克、蛋白質18.4克、油脂11.0克

低醣鮪魚蛋餅＋香蕉牛奶＋蒜香花椰菜

總計／熱量824.3大卡、碳水化合物76.2克、蛋白質45.5克、油脂37.5克

材料

- 養生麥粉40克
- 亞麻仁籽粉15克
- 鮪魚罐頭15克
- 雞蛋1顆
- 高麗菜100克
- 橄欖油10克

- 香蕉1.5根
- 低脂鮮乳240克

- 花椰菜100克
- 橄欖油8克

做法

低醣鮪魚蛋餅

1 將麥粉與亞麻仁粉加水及打散的蛋液攪拌均勻。

2 高麗菜絲切細絲備用。

3 加油熱鍋後放入上述食材，待蛋餅煎到稍微成形後放入鮪魚即完成。

香蕉牛奶

將香蕉及牛奶放置果汁機攪打均勻即可。

蒜香花椰菜

1 花椰菜洗淨切小塊，放入熱水川燙

2 起鍋後加鹽、蒜末及橄欖油拌拌勻即可。

牛肉甜椒拌飯＋葡萄

總計／熱量578.1大卡、碳水化合物61.7克、蛋白質32.2克、油脂26.8克

材料

- 糙米飯80克
- 冷凍豆腐100克
- 牛後腿肉40克
- 洋蔥50克
- 紅甜椒50克
- 黃甜椒50克
- 洋菇50克
- 起司絲20克
- 白芝麻（熟）5克
- 橄欖油8克
- 小番茄8～9顆

- 巨峰葡萄7～8顆

做法

牛肉甜椒拌飯

1 熱鍋放油加入洋蔥及牛肉炒至八分熟。

2 隨後放入糙米飯以及其他食材一起拌炒均勻。

3 最後加入起司絲、白芝麻、鹽調味並且混合均勻。

材料

- 綠櫛瓜100克
- 蛤蜊160克
- 安佳鮮奶油6克
- 義大利麵（熟）40克
- 鮭魚35克
- 草蝦50克
- 橄欖油10克
- 芭樂1顆

做法

奶油鮭魚櫛瓜義大利麵

1 將櫛瓜切成細薄片備用、義大利麵川燙至熟。
2 加油熱鍋後放入所有食材一起拌炒均勻即完成。

奶油鮭魚櫛瓜義大利麵＋芭樂

總計／熱量403.3大卡、碳水化合物32.8克、蛋白質37.2克、油脂13.7克

DAY
2

7日**減醣餐**

材料

- 豆腐皮60克
- 培根20克
- 高麗菜50克
- 紅蘿蔔30克
- 苜蓿芽20克

- 南瓜170克
- 玉米（筍）50克
- 小黃瓜50克
- 富士蘋果半顆
- 酪梨100克
- 巴薩米可醋10克
- 橄欖油10克

- 低脂鮮乳240克
- 腰果10克

做法

日式豆皮蔬菜捲

1 培根、紅蘿蔔、高麗菜煮熟切絲備用。
2 將所有食材放到豆皮上包起來即可完成。

輕食南瓜溫沙拉

1 小黃瓜、玉米筍、南瓜川燙切小塊。
2 水果切適口大小。
3 將所有食材放入碗中加入橄欖油、巴薩米可醋拌勻即可。

腰果牛奶

腰果和牛奶放入果汁機攪打均勻。

日式豆皮蔬菜捲＋輕食酪梨溫沙拉＋腰果牛奶

總計／熱量619.1大卡、碳水化合物43克、蛋白質32.35克、油脂35.3克

蝦仁蕃茄蛋炒花椰菜飯＋燕麥堅果優格

總計／熱量 677.7 大卡、碳水化合物 80.7 克、蛋白質 30 克、油脂 26.1 克

材料

- 花椰菜 100 克
- 洋蔥 30 克
- 牛番茄 50 克
- 青蔥 10 克
- 蒜頭 10 克
- 雞蛋 1 顆
- 草蝦仁 100 克
- 橄欖油 8 克

- 燕麥 40 克
- 開心果 10 克
- 藍莓 30 克
- 蔓越梅 30 克
- 優格（無加糖）105 克

做法

蝦仁蕃茄蛋炒花椰菜飯

1 牛番茄切塊、花椰菜切碎備用。

2 熱鍋加入洋蔥、蒜頭爆香。

3 將所有食材放入鍋中拌炒。

4 最後撒上蔥花即完成。

燕麥堅果優格

燕麥水煮至熟後，將所有食材放入碗中加入優格即可。

蘿蔔絲涼麵佐莎莎醬

總計／熱量482.9大卡、碳水化合物39.2克、蛋白質26.4克、油脂24.5克

材料

- 白蘿蔔100克
- 意麵30克
- 小番茄200克
- 雞胸肉60克
- 雞蛋1顆
- 檸檬汁10克
- 醋1匙
- 橄欖油15克
- 黑胡椒粉適量

做法

蘿蔔絲涼麵佐莎莎醬

1 白蘿蔔切絲備用，蘿蔔絲、意麵川燙至熟。

2 熱鍋加油將雞胸肉及雞蛋放入調味料拌炒。

3 將上述食材放入碗中後，加入醬汁攪拌均勻即可。

花生歐姆蛋吐司＋雙色花椰菜沙拉

總計／熱量 863.2 大卡、碳水化合物 93.5 克、蛋白質 31.4 克、油脂 40.4 克

材料

- 花生醬 1 茶匙
- 全麥吐司 50 克
- 雞蛋 1 顆
- 培根半條
- 橄欖油 10 克

- 青花菜 50 克
- 花椰菜 50 克
- 紫洋蔥 50 克
- 紅蘿蔔 50 克
- 小番茄 50 克
- 百香果 70 克
- 優格（無加糖）200 克

做法

花生歐姆蛋土司

1 將雞蛋及培根煎熟。

2 吐司烤熱後抹上花生醬並放上荷包蛋及培根即完成。

雙色花椰菜沙拉

1 青花菜、花椰菜、紅蘿蔔川燙備用。

2 將所有食材分別切至適口大小並放入碗中，加入百香果、優格拌勻後即完成。

咖哩起司雞肉飯＋味噌湯＋果汁

總計／熱量635大卡、碳水化合物61.1克、蛋白質32.4克、油脂29.0克

材料

- 咖哩塊15克
- 雞腿35克
- 花椰菜米160克
- 馬鈴薯40克
- 紅蘿蔔50克
- 洋蔥50克
- 草菇50克
- 橄欖油8克

- 味噌5克
- 嫩豆腐140克
- 台灣鯛魚片（生）35克
- 高麗菜50克

- 富士蘋果半顆
- 鳳梨50克
- 芹菜100克
- 亞麻仁籽粉15克

做法

咖哩雞肉花椰飯

1 熱鍋後加油放入洋蔥、馬鈴薯、紅蘿蔔及草菇拌炒，隨後加入雞腿肉一起炒至表面金黃。

2 加入適量的水及咖哩塊熬煮待成濃稠狀，將花椰菜米炒熱後，淋上咖哩醬即完成。

味噌湯

加入適量的水、味噌、及所有食材煮滾即可。

果汁

將所有水果及芹菜切塊後，放入果汁機加入適量水以及亞麻仁粉攪打均勻即可。

材料

- 千張 2 片
- 雞腿 40 克
- 洋菇 50 克
- 洋蔥 50 克
- 番茄 50 克
- 玉米粒（熟）85 克
- 酪梨 20 克
- 橄欖油 15 克

做法

減醣千張比薩

1 洋菇對切、番茄切片、雞肉切丁備用。

2 熱油鍋將洋蔥爆香，接著加入玉米粒
　拌炒後再放入雞丁一起。

3 將千張平鋪在平底鍋底部後放入炒香
　的食材，接著撒上酪梨後放入烤箱烤
　熟即可。

減醣千張比薩

總計╱熱量381大卡、碳水化合物27.2克、蛋白質16.3克、油脂23.0克

高鈣地瓜牛奶堅果飲＋番茄酪梨蛋沙拉

總計／熱量**744.7**大卡、碳水化合物**68.5**克、蛋白質**72.9**克、油脂**19.9**克

材料

- 紅薯（地瓜）110克
- 低脂鮮乳240克
- 原味腰果5顆
- 小魚干5克

- 番茄100克
- 紫洋蔥50克
- 小黃瓜50克
- 雞蛋1顆
- 酪梨（綠皮）40克
- 鳳梨50克
- 富士蘋果65克
- 藍莓30克
- 橄欖油5克

做法

高鈣地瓜牛奶堅果飲

1 將地瓜蒸熟切塊。
2 地瓜與牛奶、腰果一同放入果汁機攪打均勻。
3 完成後倒入碗中撒上小魚乾即可完成。

番茄酪梨蛋沙拉

1 番茄、小黃瓜、紫洋蔥洗淨後切片、切段、切絲備用，煮水煮蛋。
2 水果切為適口大小
3 將以上食材放入碗中後淋上橄欖油即可。

蛤蜊野菇炊飯＋蜜棗李

總計／熱量538.8大卡、碳水化合物53.6克、蛋白質36.1克、油脂20克

材料

- 糙米飯（軟）80克
- 蛤蜊160克
- 雞腿40克
- 蝦米10克
- 紅蘿蔔50克
- 青江菜50克
- 玉米筍50克
- 洋菇50克
- 橄欖油8克
- 起司絲15克
- 黑芝麻（熟）5克

- 蜜棗李100克

做法

蛤蜊野菇炊飯

1 紅蘿蔔、青江菜、玉米筍、洋菇洗淨切絲、切塊、切片備用。
2 熱油鍋放入蝦米爆香後將上述食材以及蛤蜊及雞肉一起拌炒。
3 將蛤蜊肉取出，並將以上食材與熟糙米飯拌勻後放入電鍋蒸煮一次。
4 最後起鍋撒上起司絲及黑芝麻粒拌勻即可享用。

材料
- 養生麥粉2匙
- 高麗菜 50 克
- 苜蓿芽 50 克
- 雞蛋 2 顆
- 切片火腿（豬肉）45 克
- 橄欖油 8 克

- 西瓜（紅肉小瓜）180 克

做法

總匯捲餅

1 將麥粉及雞蛋攪打均勻。
2 熱油鍋加入上述食材。
3 待餅皮煎至成型後，放上高麗菜絲、苜蓿芽以及火腿並包
　裹起來後即完成。

總匯捲餅＋西瓜

總計／熱量453.7大卡、碳水化合物37.3克、蛋白質28.2克、油脂21.3克

起司蔬菜蛋捲＋燙青菜＋無糖紅茶

總計／熱量547.7大卡、碳水化合物28.4克、蛋白質31.8克、油脂34.1克

材料

- 雞蛋1顆
- 低脂鮮乳240克
- 起司片2片
- 小白菜50克
- 木耳50克
- 切片火腿（豬肉）
  20克
- 原味葵瓜子（去殼）
  10克
- 橄欖油10克

- 地瓜葉100克

- 紅茶茶湯360克

做法

起司蔬菜蛋捲

1 將雞蛋及牛奶均勻攪打。
2 熱油鍋，放入切絲的小白菜、木耳、火腿。
3 隨後放上起司片一起包裹起來。
4 起鍋之後再蛋捲上撒上葵瓜子點綴後即完成。

燙青菜

1 地瓜葉洗淨川燙。
2 加入鹽巴調味拌勻即可。

無糖紅茶

無糖紅茶茶湯直接飲用即可。拌勻後即完成。

蝦仁佐花椰菜五穀米燉飯＋香蕉芝麻牛奶

總計／熱量846.5大卡、碳水化合物116.9克、蛋白質36克、油脂26.1克

材料

- 五穀米飯（軟）80克
- 花椰菜100克
- 草蝦仁3隻
- 蝦米15克
- 冷凍花枝丸80克
- 洋蔥30克
- 蒜頭20克
- 紅甜椒80克
- 黃甜椒80克
- 橄欖油5克

- 香蕉1根
- 低脂鮮乳120克
- 黑芝麻（熟）15克

做法

蝦仁佐花椰菜五穀米燉飯

1 將花椰菜切碎後與五穀米飯拌勻。
2 熱油鍋加入蒜頭、洋蔥及蝦米爆香，接著放入草蝦仁、切丁的花枝丸拌炒，隨後再加入甜椒一起拌炒。
3 最後將上述食材與花椰菜飯拌勻後放入電鍋蒸煮即可。

香蕉芝麻牛奶

將香蕉切段後放入果汁機以及黑芝麻一起攪打均勻即可。

材料

- 綠櫛瓜1條
- 小黃瓜1條
- 紅蘿蔔30克
- 雞胸肉100克
- 雞蛋1顆
- 麻油5克
- 醬油10克
- 白醋5克

- 奇異果1顆

做法

麻香雞胸櫛瓜涼麵

1　將小黃瓜及紅蘿蔔切絲川燙備用、綠櫛瓜切成絲後放進碗裡撒上少許鹽巴，靜待30分鐘等待櫛瓜出水擠乾後川燙冷卻備用。

2　將雞胸肉、雞蛋分別川燙煮熟備用，麻油、醬油、白醋混合均勻備用。

3　最後將小黃瓜、紅蘿蔔、櫛瓜麵拌勻後放上雞肉、水煮蛋淋上醬汁即完成。

麻香雞胸櫛瓜涼麵＋奇異果

總計／熱量 381.7 大卡、碳水化合物 24.4 克、蛋白質 36.6 克、油脂 15.3 克

紅薯藜麥海鮮沙拉＋鮮奶茶

總計／熱量 575.3 大卡、碳水化合物 52.9 克、蛋白質 50.2 克、油脂 18.1 克

材料

- 紅薯（地瓜）1條
- 藜麥 20 克
- 尖鎖管 1 隻
- 草蝦 3 隻
- 番茄 5 個
- 百香果 1 個
- 橄欖油 10 克
- 蘋果醋 5 克

- 紅茶 120 克
- 低脂鮮乳 240 克

做法

紅薯藜麥海鮮沙拉

1 將地瓜及藜麥一起放入電鍋蒸煮、草蝦、鎖管燙熟、水果切成
適口大小。

2 以上食材一同放入碗中拌勻林上百香果及油醋即可。

鮮奶茶

紅茶、低脂鮮乳攪拌均勻即完成。

鮪魚花椰菜蛋炒飯＋莓果優格

總計／熱量662.1大卡、碳水化合物82.1克、蛋白質33.7克、油脂22.1克

材料

- 花胚芽粳米40克
- 花椰菜100克
- 雞蛋1顆
- 鮪魚肚（或鮭魚）60克
- 美白菇50克
- 鴻喜菇50克
- 橄欖油8克

- 優格（無加糖）100克
- 原味腰果5顆
- 藍莓30克
- 蔓越梅30克

做法

鮪魚花椰菜蛋炒飯

1 胚芽米先蒸煮至熟、花椰菜洗淨切碎。
2 將上述食材拌勻後起油鍋，所有食材下鍋拌炒至熟即可。

莓果優格

1 將藍莓、蔓越梅洗淨放在無糖優格中。
2 最後放上腰果即可。

材料

- 春捲皮2張
- 綠櫛瓜100克
- 小番茄10顆
- 葡萄乾4～5顆

- 雞腿120克
- 橄欖油8克
- 迷迭香粉適量

做法

櫛瓜春捲

1 春捲皮蒸熟、櫛瓜川燙切絲。
2 將櫛瓜、小番茄及葡萄乾包入春捲皮
中即可。

香煎雞腿排

起油鍋後將雞肉放入，煎至表面金黃後撒
上迷迭香粉。

櫛瓜春捲+香煎雞腿排

總計／熱量492.8大卡、碳水化合物49.2克、蛋白質30.8克、油脂19.2克

香蕉鬆餅＋蜂蜜燕麥奶

總計／熱量759.4大卡、碳水化合物105.7克、蛋白質29.7克、油脂24.2克

材料

- 低筋麵粉40克
- 雞蛋1顆
- 香蕉1根
- 奶油12克

....

- 燕麥片30克
- 低脂鮮奶480毫升
- 蜂蜜10克

做法

香蕉鬆餅

1 將麵粉、雞蛋、香蕉泥混合打勻。
2 熱鍋加奶油倒入麵糊，煎至兩面上色即可。

蜂蜜燕麥奶

將燕麥片、低脂鮮奶及蜂蜜加入果汁機攪打均勻即可。

XO醬紫蘇炒飯＋焗烤白菜

總計／熱量705.2大卡、碳水化合物36.3克、蛋白質42.8克、油脂43.2克

材料

- 五穀米飯（軟）80克
- 金針菇50克
- 青江菜50克
- 雞胸肉80克
- 紫蘇10克
- 雞蛋1顆
- 橄欖油5克
- 干貝醬10克

- 起司絲40克
- 包心白菜100克
- 白芝麻（熟）5克
- 奶油（固態、加鹽）
  15克

做法

XO醬紫蘇炒飯

1 將五穀米飯蒸熟、青菜洗淨後切斷備用、雞肉切塊。
2 起油鍋後將以上食材加入拌炒。
3 起鍋前加入剩下的紫蘇、蛋液及干貝醬翻炒至熟。

焗烤白菜

1 將包心白菜洗淨後放入烤盤中（烤盤要先抹上奶油）。
2 鋪上起司絲、撒上白芝麻放入烤箱中即完成。

材料

- 蟹腳肉80克
- 鳳梨70克
- 南瓜80克
- 綠櫛瓜1條
- 蒜頭3個

- 橄欖油5克
- 鹽、胡椒適量
- ⋯⋯⋯⋯⋯⋯⋯
- 牛番茄200克
- 小黃瓜50克

- 黃甜椒80克
- 蒜頭2個
- 橄欖油5克
- 鹽、黑胡椒適量

做法

金黃蟹肉櫛瓜炒麵

1 將蟹腳肉及南瓜川燙至熟（南瓜需切成適口大小）、
　 櫛瓜切成條狀、蒜頭切成片備用。

2 熱鍋加油，放入蒜頭及鳳梨炒至微上色加入南瓜炒
　 香，最後加入蟹腳、櫛瓜炒勻，起鍋前撒上少許鹽、
　 胡椒調味即可。

西班牙冷湯

將蕃茄、小黃瓜、甜椒切小丁與蒜頭、橄欖油一起加入
果汁機攪打均勻，最後撒上鹽與黑胡椒調味即可。

金黃蟹肉櫛瓜炒麵＋西班牙冷湯

總計／熱量 354.6 大卡、碳水化合物 45.5 克、蛋白質 18.4 克、油脂 11.0 克

3日、5日、7日減醣瘦肚餐

84餐、200道食譜，專業營養師團隊幫你精準設計最強瘦肚計劃，
又能增肌、減脂、穩血糖，改善疲勞

作者	好食課
責任編輯	林志恒
封面設計	化外設計
內頁設計	化外設計
食譜攝影	任鵬元
食譜示範	林志恒
部份圖片提供	PIXTA

發行人	許彩雪
總編輯	林志恒
行銷企畫	李惠瑜
出版者	常常生活文創股份有限公司
地址	台北市106大安區信義路二段130號

讀者服務專線	(02) 2325-2332
讀者服務傳真	(02) 2325-2252
讀者服務信箱	goodfood@taster.com.tw
讀者服務專頁	https://www.facebook.com/goodfood.taster

法律顧問	浩宇法律事務所
總經銷	大和圖書有限公司
電話	(02) 8990-2588（代表號）
傳真	(02) 2290-1628

製版印刷	龍岡數位文化股份有限公司
初版一刷	2021年2月
定價	新台幣399元
ISBN	978-986-99071-8-7

國家圖書館出版品預行編目（CIP）資料

3日、5日、7日減醣瘦肚餐：84餐200道食譜，專業營養師團隊幫你精準設
計最強瘦肚計劃，又能增肌、減脂、穩血糖，改善疲勞／好食課作. --
初版. -- 臺北市：常常生活文創股份有限公司, 2021.02
　面；　公分
ISBN 978-986-99071-8-7（平裝）

1.食譜 2.健康飲食 3.減重

427.1　　　　　　　　　　　　　　　110001050

FB｜常常好食　　網站｜食醫行市集